essentials

essentials liefern aktuelles Wissen in konzentrierter Form. Die Essenz dessen, worauf es als „State-of-the-Art" in der gegenwärtigen Fachdiskussion oder in der Praxis ankommt. *essentials* informieren schnell, unkompliziert und verständlich

- als Einführung in ein aktuelles Thema aus Ihrem Fachgebiet
- als Einstieg in ein für Sie noch unbekanntes Themenfeld
- als Einblick, um zum Thema mitreden zu können

Die Bücher in elektronischer und gedruckter Form bringen das Expertenwissen von Springer-Fachautoren kompakt zur Darstellung. Sie sind besonders für die Nutzung als eBook auf Tablet-PCs, eBook-Readern und Smartphones geeignet. *essentials:* Wissensbausteine aus den Wirtschafts-, Sozial- und Geisteswissenschaften, aus Technik und Naturwissenschaften sowie aus Medizin, Psychologie und Gesundheitsberufen. Von renommierten Autoren aller Springer-Verlagsmarken.

Weitere Bände in der Reihe http://www.springer.com/series/13088

Bernd Luderer

Klassische Finanzmathematik

Grundideen, zentrale Formeln und Begriffe im Überblick

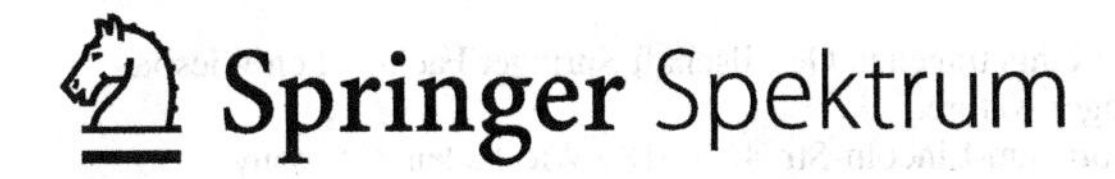

Bernd Luderer
Chemnitz, Deutschland

ISSN 2197-6708 ISSN 2197-6716 (electronic)
essentials
ISBN 978-3-658-28326-1 ISBN 978-3-658-28327-8 (eBook)
https://doi.org/10.1007/978-3-658-28327-8

Die Deutsche Nationalbibliothek verzeichnet diese Publikation in der Deutschen Nationalbibliografie; detaillierte bibliografische Daten sind im Internet über http://dnb.d-nb.de abrufbar.

Springer Spektrum

Springer Spektrum ist ein Imprint der eingetragenen Gesellschaft Springer Fachmedien Wiesbaden GmbH und ist ein Teil von Springer Nature.
Die Anschrift der Gesellschaft ist: Abraham-Lincoln-Str. 46, 65189 Wiesbaden, Germany

Was Sie in diesem *essential* finden können

- Eine Einführung in die klassische Finanzmathematik.
- Die Beschreibung entscheidender Voraussetzungen und zugrunde liegender Mechanismen.
- Die Vorstellung der wichtigsten Formeln zur Berechnung von Zinsen und Kapital.
- Die Erörterung der Begriffe *Barwert* und *Endwert* eines Kapitals.
- Das Aquivalenzprinzip als Schlüssel zur Berechnung von Rendite bzw. Effektivzinssatz.
- Die Lösung von Grundaufgaben der Finanzmathematik.
- Eine Beschreibung von Aspekten, die über die klassische Finanzmathematik hinausgehen.

Vorwort

Dieser Text wendet sich an alle, die an finanzmathematischen Fragen interessiert sind und sich in den Themenkreis Finanzmathematik einarbeiten möchten, seien es Schüler, Studierende oder Praktiker. Im Vordergrund der Darlegungen stehen die grundlegenden Konzepte und Ideen, während streng mathematische Herleitungen sowie bank- und steuertechnische Details eher eine untergeordnete Rolle spielen.

Zunächst werden die Grundideen eher zwanglos und ohne viele Formeln erläutert. Erst später werden die wichtigsten Modelle und Formeln entwickelt und angegeben. Für das bessere Verständnis ist es unbedingt empfehlenswert, die im Text enthaltenen Beispiele nachzurechnen, wobei es nicht auf höchstmögliche Genauigkeit ankommt. Ohne Taschenrechner, der mindestens über die Taste $\boxed{x^y}$ verfügen sollte, geht dies natürlich nicht.

Die Literaturhinweise verweisen auf Bücher, aus denen man vertiefende Informationen entnehmen kann und die zahlreiche Beispiele und Übungsaufgaben, oftmals mit ausführlichen Lösungen, enthalten.

Dank gebührt dem Verlag für die Aufnahme dieses Werkes in die Reihe „Essentials". Für hilfreiche Kommentare und kritische Hinweise danke ich insbesondere Frau Iris Ruhmann.

Hinweise und Bemerkungen zum vorliegenden Text sind mir jederzeit willkommen.

Chemnitz
im August 2019

Bernd Luderer

Inhaltsverzeichnis

1 Einleitung

Die klassische Finanzmathematik betrachtet die Entwicklung eines Kapitals im Laufe der Zeit sowie die Berechnung von Zinsen auf geliehenes Kapital. **Zinsen** stellen eine Vergütung für die Überlassung von Kapital dar; sie beziehen sich stets auf eine vereinbarte **Zinsperiode.** Die mit Abstand am häufigsten in der Praxis vorkommende Zinsperiode ist das Jahr. Man schreibt dann oftmals „p. a." (per annum, pro Jahr). Für diese Periode hat man in der Regel auch ein gutes „Bauchgefühl": 1 % ist ziemlich wenig (obwohl immer noch besser als gar nichts), 3 % oder 5 % sind durchaus üblich, 10 % oder sogar 20 % schon recht viel. Es kommt dabei aber immer auf verschiedene Faktoren an (siehe hierzu auch die Überlegungen in Kap. 10).

Im Weiteren wird von diesen Voraussetzungen ausgegangen:

- Es ist immer Geld in beliebiger Höhe verfügbar. (Ist das nicht eine wunderbare Annahme?)
- Der vereinbarte Zinssatz ist positiv und konstant, also unabhängig von der Laufzeit. Sofern nicht anders vereinbart, soll er sich auf ein Jahr beziehen.
- Zinszahlungen finden stets am Ende der Zinsperiode statt.
- Vorhandenes, über den Konsumanteil hinausgehendes Geld wird immer angelegt.
- Alle zukünftigen Zahlungen sind sicher (Überlegungen und Emotionen der Art „Was ich jetzt habe, habe ich, wer weiß, was in der Zukunft passiert" sollen also keine Rolle spielen; auch Risiken und Unsicherheiten aller Art werden ausgeblendet).
- Es gibt keine Inflation (vgl. aber Kap. 10).

B. Luderer, *Klassische Finanzmathematik*, essentials,
https://doi.org/10.1007/978-3-658-28327-8_1

Wer gegen diese Voraussetzungen Einwendungen hat, liegt nicht unbedingt falsch, denn in der Praxis muss natürlich nicht jeder der oben genannten Punkte erfüllt sein. Im Rahmen der klassischen Finanzmathematik beschränkt man sich allerdings auf genau diese Annahmen, um mithilfe dieses etwas eingeschränkten Modells die wesentlichen Ideen zu verdeutlichen und die grundlegenden Formeln zu entwickeln. Keine Berücksichtigung finden jedoch banktechnische Details (das „Kleingedruckte“), gesetzliche Vorschriften, Emotionen und steuerliche Aspekte.

Warum lautet der Titel *klassische* Finanzmathematik? Da hier nur diejenigen Gebiete betrachtet werden, die sich mithilfe vergleichsweise einfacher Modelle und somit anhand von Elementarmathematik bearbeiten lassen (Zins- und Zinseszinsrechnung, Renten-, Tilgungs- und Kursrechnung). Aus praktischer Sicht fallen hierunter z. B. Sparpläne, Kredite und Anleihen, d. h. festverzinsliche Wertpapiere. Zu den betriebswirtschaftlichen Themen *Abschreibungen* und *Investitionsmethoden* bestehen enge Beziehungen. Wie ein roter Faden durchzieht die Berechnung von Renditen/Effektivzinssätzen von Finanzprodukten oder Geldanlagen alle Bereiche der Finanzmathematik.

Gleichzeitig bildet die klassische Finanzmathematik den Ausgangspunkt für vielfältige Probleme der Versicherungsmathematik sowie der *modernen* Finanzmathematik. Letztere hat sich in den vergangenen Jahrzehnten stürmisch entwickelt. Zahlreiche eigenständige und mathematisch anspruchsvolle Disziplinen sind entstanden: Methoden zur Bewertung von Aktien und zur Prognose von Aktienkursen, Bepreisung von Derivaten (Optionen, Futures, Swaps, Aktienanleihen, Zertifikate etc.), die vor allem im Investment Banking eine wichtige Rolle spielen. Ferner werden Zinsmodelle, Ausfallwahrscheinlichkeiten und vieles mehr untersucht, wozu in der Regel tiefliegende Resultate der Stochastik vonnöten sind.

Das Gerüst der klassischen Finanzmathematik wird aus ganz wenigen Grundformeln gebildet, die im Kap. Grundformeln übersichtlich aufgeführt sind. Aus dieser Handvoll Formeln lassen sich auch komplizierte Zusammenhänge modellieren, indem die Grundformeln bausteinartig zusammengesetzt werden.

Analysiert man eine finanzielle Vereinbarung, ist es ratsam, sich eine Übersicht über alle Ein- und Auszahlungen zu verschaffen, zusammen mit den Zeitpunkten, zu denen diese erfolgen (auf die besondere Rolle der Zeit wird im nächsten Kapitel detailliert eingegangen). Dazu kann das in Abb. 1.1 dargestellte allgemeine Schema von Zahlungen, **Zahlungsstrom** oder **Cashflow** genannt, dienen, das in jedem konkreten Einzelfall zu präzisieren ist. Das Schema kann leicht auf nicht ganzzahlige Zeitpunkte verallgemeinert werden.

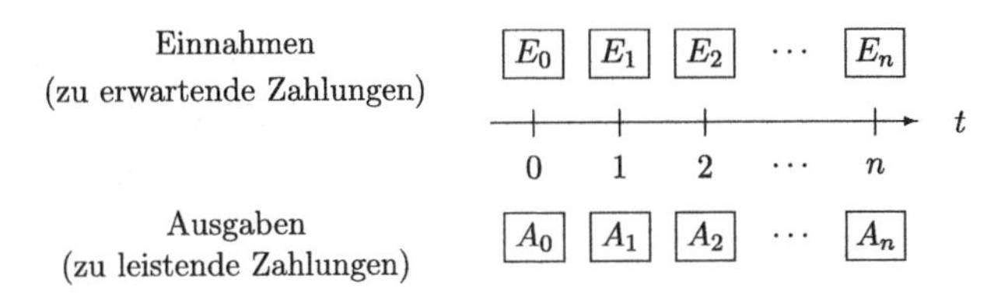

Abb. 1.1 Allgemeines Schema von Ein- und Auszahlungen

Eine solche Übersicht aller Zahlungen hilft dabei, das in der Regel verbal formulierte Problem in die Sprache der Mathematik umzusetzen, es mithin zu **modellieren.** Dies bedeutet, die gegebenen Daten den entsprechenden Größen zuzuordnen und die richtigen Grundformeln auszuwählen bzw. miteinander zu kombinieren.

Leider ist es nicht immer mit dem Einsetzen von Werten in eine Formel oder der Umstellung einer Gleichung getan. Manche Gleichungsbeziehungen lassen sich prinzipiell nicht explizit nach einer darin vorkommenden Größe auflösen. In diesem Fall kann man den Wert dieser Größe nur näherungsweise mit geeigneten numerischen Verfahren *(Probierverfahren)* berechnen, freilich beliebig genau. Dabei handelt es sich in der Regel um die Nullstellenbestimmung von Polynomgleichungen (vgl. Luderer 2015, Punkt 2.3). Typischerweise treten solche Fragestellungen bei der Renditeberechnung auf.

2 Entscheidend ist die Zeit

In der klassischen Finanzmathematik wird gern vom *Faktor Zeit* gesprochen. Tatsächlich ist der (heutige) Wert einer Zahlung immer abhängig vom Zeitpunkt, zu dem diese zu leisten ist.

Dies ist eine der Grundideen, die der Finanzmathematik zugrunde liegt, davon lebt sie. Auch wenn „Otto Normalbürger" diese These im täglichen Leben bei Weitem nicht immer beachtet bzw. als nicht so wesentlich eingeschätzt, ist sie aber sofort einzusehen: Vergleicht man beispielsweise eine Zahlung in Höhe von, sagen wir, 100 €, die man entweder heute erhält oder erst in fünf Jahren erwarten kann, so würde wohl jeder bevorzugen, diese Zahlung heute in Empfang zu nehmen. Und das nicht nur, weil keiner weiß, was in fünf Jahren sein wird, ob es den Zahlungspflichtigen dann noch gibt, nein, selbst wenn man alle Emotionen beiseite lässt: 100 € heute zu bekommen, gewissermaßen „bar auf die Hand", ist vorteilhafter als eine in der Zukunft liegende Zahlung gleicher Höhe, denn man kann ja das heute erhaltene Geld anlegen, so dass sich sein Wert nach fünf Jahren vergrößert haben wird.

Umgekehrt ist unmittelbar klar, dass eine heute zu leistende Zahlung von bspw. 100 € ungünstiger ist als eine in der Zukunft liegende Zahlung von ebendieser Höhe.

Als Konsequenz ergibt sich, dass sich alle Berechnungen in der Finanzmathematik auf den zugehörigen Zeitpunkt bzw. die Laufzeit von Geldanlagen gründen. Der entsprechende Zeitpunkt ist im Allgemeinen beliebig wählbar; einmal gewählt, muss er aber fixiert bleiben. Eine hervorgehobene Rolle spielt dabei der Zeitpunkt $t = 0$, oftmals als *heute* bezeichnet; er stellt meistens den Beginn einer finanziellen Vereinbarung dar. Der zugehörige Wert wird als **Barwert** bezeichnet. Aber auch das Ende eines Vertrages ist prädestiniert, als Betrachtungszeitpunkt ausgewählt zu werden, wobei dann vom **Endwert** gesprochen wird. Allgemein spricht man vom **Zeitwert** eines Kapitals. Unter diesem Aspekt sagen Angaben über

B. Luderer, *Klassische Finanzmathematik,* essentials,
https://doi.org/10.1007/978-3-658-28327-8_2

Gesamtzahlungen, etwa in einem Sparvertrag oder bei der Tilgung eines Darlehens, nicht viel aus, da hierbei der Faktor Zeit völlig außer Acht gelassen wird. Andererseits lassen sich zu unterschiedlichen Zeitpunkten fällige Zahlungen nur dann miteinander vergleichen, wenn sie auf einen einheitlichen, fixierten Zeitpunkt bezogen werden.

Wird ein (Anfangs-)Kapital mit einem – wie generell vorausgesetzt – positiven Zinssatz verzinst, so vergrößert es sich und man spricht vom **Aufzinsen.** Umgekehrt entsteht der Barwert K_0 einer zukünftigen Zahlung bzw. des im Zeitpunkt t betrachteten Kapitals K_t durch **Abzinsen** (oder **Diskontieren**). Dieser Wert ist immer kleiner als der Zeitwert K_t (daher auch die Wortwahl).

In Abb. 2.1 wird die Vorgehensweise des Auf- und Abzinsens verdeutlicht.

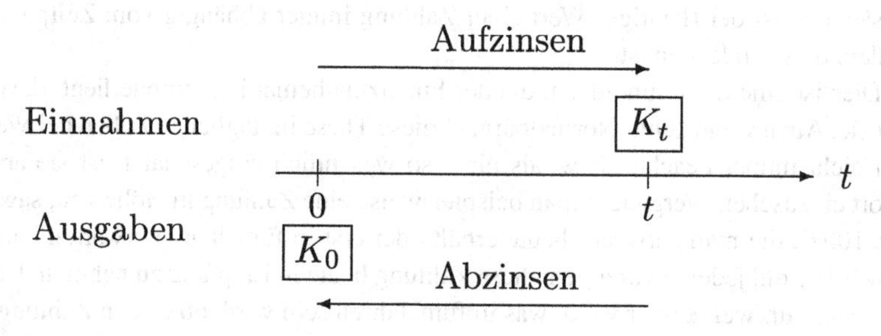

Abb. 2.1 Aufzinsen und Abzinsen von Kapitalien

3 Wie soll man Zinsen zahlen?

Die nachstehenden Begriffe spielen im Weiteren eine Rolle:

Kapital	Geldbetrag, der einem Dritten überlassen wird
Laufzeit	Dauer der Überlassung (als Teil bzw. Vielfaches der Zinsperiode)
Zinsen	Vergütung für die Kapitalüberlassung innerhalb einer Zinsperiode
Zinsperiode	der einer Vereinbarung zugrunde liegende Zeitrahmen; häufig ein Jahr, mitunter kürzer (Monat, Quartal, Halbjahr), selten länger
Zinssatz	Zahl, die das Verhältnis des Zinsbetrages in Geldeinheiten (GE), der für ein Kapital von 100 GE in einer Zinsperiode zu zahlen ist, ausdrückt; meist in Prozent angegeben
Zeitwert	der von der Zeit abhängige Wert eines Kapitals
Barwert	zu $t = 0$ gehörender Zeitwert

Ferner werden in diesem und den weiteren Kapiteln die folgenden Bezeichnungen verwendet:

B. Luderer, *Klassische Finanzmathematik*, essentials,
https://doi.org/10.1007/978-3-658-28327-8_3

t	Zeitpunkt, Zeitraum; Teil bzw. Vielfaches der Zinsperiode
i	Zinssatz
Z_t	Zinsen für den Zeitraum t
K, K_t	Kapital; Kapital zum Zeitpunkt t (Zeitwert)
K_0	Anfangskapital; Barwert; Zeitwert für $t = 0$

Lineare Verzinsung

Es wurde bereits erwähnt, dass die Zinsen desto höher ausfallen, je größer das Kapital K, je länger die Laufzeit t und je höher der Zinssatz i sind. Diese Forderung allein führt jedoch noch nicht auf eine eindeutige Formel, es sind (im Prinzip unendlich) viele möglich. Zwei Arten der Verzinsung sind in der Praxis gebräuchlich. Die naheliegendste Formel ergibt sich, wenn alle drei genannten Größen proportional eingehen. In diesem Fall spricht man von **linearer** oder auch **einfacher** Verzinsung:

$$Z_t = K \cdot i \cdot t. \tag{3.1}$$

Eine besondere Rolle spielt die Laufzeit t. Werden die exakten Kalendertage gezählt? Hat das Jahr 360, 365 oder 366 Tage? Wie wird der erste und der letzte Tag der Geldanlage verrechnet? In Deutschland wird oftmals das Jahr zu 360 Tagen und jeder Monat zu 30 Zinstagen gerechnet. Zahlreiche weitere, davon abweichende Festlegungen findet man beispielsweise in Grundmann und Luderer 2009, S. 24 f.

Die Größe i ist der für eine volle Zinsperiode zu zahlende Zinssatz, also beispielsweise $i = 3\,\% = 0{,}03$, eine rationale Zahl, die keine Maßeinheit besitzt.

Für $t = 1$, was einer vollen Zinsperiode entspricht, ergibt sich aus der Beziehung (3.1) ein Wert von $Z_1 = K \cdot i$, für eine halbe Zinsperiode $Z_{1/2} = K \cdot \frac{1}{2} \cdot i$ usw. Geht man von einem in $t = 0$ vorhandenen Anfangskapital K_0 aus, so ergibt sich demnach zur Zeit t ein **Endwert** von $K_t = K_0 + Z_t = K_0 + K_0 \cdot t \cdot i$, also endgültig die Grundformel

$$\boxed{K_t = K_0 \cdot (1 + it),} \tag{G1}$$

welche **Endwertformel bei linearer Verzinsung** genannt wird.

Beispiel

Ein Kapital von 100 € soll für ein Jahr bzw. für vier Monate zu einem Zinssatz von 3 % p. a. angelegt werden. Dann wächst es nach einem Jahr auf $100 \cdot (1 + 0{,}03) = 103$ € an und nach vier Monaten auf $100 \cdot (1 + \frac{1}{3} \cdot 0{,}03) = 101$ €.

Die Grundformel (G1) enthält die vier Größen K_t, K_0, t und i. Sie kann nach jeder dieser Größen durch einfache Formelumstellung aufgelöst werden, was wir dem Leser überlassen. Eine dieser Umformungen, die auf die **Barwertformel bei linearer Verzinsung** führt, ist jedoch besonders wichtig:

$$K_0 = \frac{K_t}{1 + it}. \tag{G2}$$

Mithilfe der Grundformel (G2) wird der **Barwert,** also der heutige Wert einer zukünftigen Zahlung ausgedrückt. Genauer: Bei vorgegebenem (positivem) Zinssatz i stellt der Wert K_0 das Äquivalent der im späteren Zeitpunkt t fälligen Zahlung K_t dar; er ist offensichtlich kleiner als K_t. Oder noch anders ausgedrückt: Legt man den Betrag K_0 zum Zinssatz i über einen Zeitraum der Länge t an, so wächst dieser auf den Wert K_t an. Bei gegebenem i sind also die Beträge K_0 zum heutigen Zeitpunkt und K_t zur Zeit t äquivalent. Das ist die einfachste Form des später immer wieder auftauchenden **Äquivalenzprinzips,** das genutzt werden kann, um den (Effektiv-)Zinssatz bzw. die Rendite i (oder auch andere Größen, wie beispielsweise die Laufzeit) zu berechnen.

Beispiel

Welchem Wert entspricht eine in einem Jahr fällige Zahlung von 100 €, wenn eine Verzinsung von 4 % unterstellt wird, und welcher Wert ergibt sich, wenn die Zahlung bereits in drei Monaten zu leisten ist? Entsprechend der Beziehung (G2) ergibt sich $K_0 = 100/1{,}04 = 96{,}15$ € bzw. $K_0 = 100/(1 + \frac{1}{4} \cdot 0{,}04) = 99{,}01$ €.

Ist demnach der Zinssatz i gegeben, so ist es gleichgültig, ob heute K_0 gezahlt wird oder zum Zeitpunkt t der Betrag K_t – keine der beiden Varianten ist besser oder schlechter.

In aller Regel gilt in Formel (G1) die Ungleichung $0 < t \leq 1$, d. h., der betrachtete Zeitraum ist kürzer als eine Zinsperiode. Sofern die Zinsen ausgezahlt und nicht wieder selbst angelegt werden[1], kann aber auch $t > 1$ gelten. Dies ist im Bürgerlichen Gesetzbuch (BGB §§ 248 und 289) auch so vorgesehen.

Wie bereits erwähnt, erfolgt die Zahlung der Zinsen in aller Regel am **Ende** der Zinsperiode, also **nachschüssig.** Ausnahmen bestätigen jedoch die Regel, denn gelegentlich, wenn auch relativ selten, erfolgt die Verzinsung **vorschüssig**, beispielsweise bei Wechseln. Dies bedeutet, dass die Zinsen sofort fällig sind und der Wechselschuldner nicht den vollen, sondern den um die Zinsen verminderten Betrag erhält.

Wechsel gehörten früher zu üblichen Instrumenten der Mittelstandsfinanzierung, während sie heutzutage erheblich an Bedeutung verloren haben. Geht man ein paar Jahrhunderte in der Geschichte zurück, so trifft man beispielsweise in den Romanen von Balzac diese Finanzierungsart auf Schritt und Tritt an. Und noch früher, bei den Kaufleuten im Mittelalter findet man die vorschüssige Verzinsung beim sog. **kaufmännischen Diskontieren**. Dabei wurden die Zinsen vom Endwert abgezogen, anstatt – wie in Grundformel (G2) – eine Division durchzuführen:

$$K_0 = K_t \cdot (1 - it). \tag{3.2}$$

Der Grund liegt aus mathematischer Sicht darin, dass einerseits für kleine x-Werte die Beziehung $\frac{1}{1+x} \approx 1 - x$ gilt, andererseits aber das Bilden einer Differenz viel einfacher ist als die Division.

Beispiel

Wurde für einen Kredit eine Rückzahlung von 100 Talern in einem halben Jahr bei 4 % jährlichen Zinsen vereinbart, so betrug die bar auszuzahlende Summe entsprechend der Beziehung (3.2) $K_0 = 100 \cdot (1 - 0{,}04 \cdot \frac{1}{2}) = 98$ Taler, wie man leicht im Kopf berechnen kann, wohingegen bei linearer Abzinsung $\frac{100}{1{,}02} = 98{,}39$ Taler hätten ausgezahlt werden müssen.

Geometrische Verzinsung

Wird ein Kapital über mehrere Zinsperioden hinweg verzinslich angelegt und werden dabei die Zinsen nicht ausgezahlt, sondern angesammelt (man sagt auch *kapitalisiert*), so spricht man von **Zinseszinsen** (das sind die Zinsen auf die Zinsen) oder auch von **geometrischer** bzw. **exponentieller** Verzinsung, da sich der Wert des Kapitals von Periode zu Periode wie die Glieder einer geometrischen Zahlenfolge

[1] Das widerspricht eigentlich der Voraussetzung, dass Geld stets angelegt wird; man kann aber einfach Kapital und Zinsen gedanklich trennen und unabhängig voneinander betrachten.

entwickelt. Im Unterschied zur linearen Verzinsung werden hierbei typischerweise mehrere Zinsperioden betrachtet.

Damit ist zunächst die Laufzeit t ganzzahlig. Gesetzliche Vorschriften, wie etwa die in Deutschland geltende Preisangabenverordnung (PAngV), oder an den Finanzmärkten übliche Vorgehensweisen können aber auch für kürzere (sog. **unterjährige**) Zeiträume geometrische Verzinsung vorschreiben. Auch international wird diese Form der Verzinsung bevorzugt.

Es soll nun die gut bekannte **Zinseszinsformel** hergeleitet werden. Legt man ein Kapital über mehrere Jahre (allgemeiner: Zinsperioden) hinweg an und werden dabei – wie oben bereits erwähnt – die jeweils am Jahresende fälligen Zinsen angesammelt und folglich in den nachfolgenden Jahren mitverzinst, entstehen **Zinseszinsen.**

Unter Verwendung der Endwertformel (G1) mit $t = 1$ sowie der Tatsache, dass das Kapital am Ende eines Jahres gleich dem Anfangskapital im nächsten Jahr ist, kann man nun Schritt für Schritt das am Ende eines jeden Jahres verfügbare Kapital berechnen, wenn das Kapital am Anfang des ersten Jahres K_0 beträgt.

Kapital am Ende des 1. Jahres:

$$K_1 = K_0 \cdot (1 + i)$$

Kapital am Ende des 2. Jahres:

$$K_2 = K_1 \cdot (1 + i) = K_0 \cdot (1 + i)^2$$

$$\vdots$$

Kapital am Ende des n-ten Jahres:

$$K_n = K_0 \cdot (1 + i)^n \,. \tag{3.3}$$

Letztere Formel wird als **Endwertformel bei geometrischer Verzinsung** oder als **Leibniz'sche Zinseszinsformel** bezeichnet. Die darin auftretenden Größen K_n und K_0 bedeuten das Kapital am Ende des n-ten Jahres bzw. das Anfangskapital, während der **Aufzinsungsfaktor** $(1 + i)^n$ angibt, auf welchen Betrag ein Kapital von einer Geldeinheit bei einem Zinssatz i und Wiederanlage der Zinsen nach n Jahren anwächst (im Wort Aufzinsungsfaktor steckt wieder das *Anwachsen* des Kapitals, selbstverständlich nur, wenn der Zinssatz i als positiv vorausgesetzt wird).

Die Größe n ist hier zunächst ganzzahlig. In vielen Fällen wird die Formel (3.3) allerdings verallgemeinert auf einen beliebigen Zeitraum, so dass sie in die Form

$$\boxed{K_t = K_0 \cdot (1 + i)^t} \tag{G3}$$

übergeht, in der t eine beliebige rationale Zahl darstellt. Bei Benutzung des Taschenrechners ändert sich nichts, denn die Taste $\boxed{x^y}$ erlaubt beliebige Zahlen als Input.

Beispiel

Was erbringt eine Geldanlage von 100 € über fünf Jahre, bei der die jährlichen Zinsen wiederangelegt werden (sog. **Zinsansammlung**), wenn diese mit 6 % p. a. verzinst wird?

Entsprechend Formel (G3) ergibt sich mit den Größen $K_0 = 100$, $t = 5$ und $i = 0{,}06$ der Endwert $K_5 = 100 \cdot 1{,}06^5 = 133{,}82$ €.

Wie auch im Fall der linearen Verzinsung ist die Frage von Interesse, wie groß der Wert einer zukünftigen Zahlung heute, also zum Zeitpunkt $t = 0$ ist. Mit anderen Worten: Wie groß ist der Barwert einer Zahlung K_t, die im Zeitpunkt t fällig ist? Durch Umstellung der Grundformel (G3) ist die Antwort schnell gefunden:

$$K_0 = \frac{K_t}{(1+i)^t}. \qquad \text{(G4)}$$

Analog zu den Ausführungen, die oben hinsichtlich der linearen Verzinsung gemacht wurden, drückt die Grundformel (G4) den **Barwert** einer zukünftigen Zahlung aus, so dass bei gegebenem Zinssatz i der Wert K_0 das Äquivalent der im Zeitpunkt $t > 0$ fälligen Zahlung K_t darstellt. Er ist stets kleiner als K_t.

Umgekehrt: Legt man den Betrag K_0 zum Zinssatz i im Zeitraum $[0, t]$ an, so steigt er auf den Wert K_t. Ist demnach der Zinssatz i gegeben, so ist es gleichgültig, ob heute K_0 gezahlt wird oder zum Zeitpunkt t der Betrag K_t – beide Varianten sind gleichwertig, denn alle Zahlungen werden ja vereinbarungsgemäß als sicher angesehen.

Beispiel

Eine fest zugesagte Zahlung von 100 €, die in fünf Jahren erfolgen wird, soll an einen Dritten weitergegeben werden, der dafür einen bestimmten Betrag zu zahlen bereit ist. Wie hoch ist dieser, wenn man mit einem Zinssatz von 6 % p. a. rechnet? Der fragliche Betrag sollte fairerweise gerade so hoch sein wie der Barwert der erwarteten Zahlung, so dass sich unter Nutzung von Grundformel (G4) $K_0 = 100/(1 + 0{,}06)^5 = 74{,}73$ € ergibt.

Wir wollen nun lineare und geometrische Verzinsung aus unterschiedlichen Blickwinkeln miteinander vergleichen. Zunächst sehen wir uns das Wachstum genauer an.

In Abb. 3.1 ist zum einen dargestellt, wie sich lineare und geometrische Verzinsung innerhalb einer Zinsperiode verhalten (linke Abbildung; lineare Verzinsung erbringt mehr an Zinsen, zum Zeitpunkt $t = 1$ ist der Zinsbetrag gleich). Zum anderen wird dargestellt, wie sich ein Kapital bei geometrischer Verzinsung im Laufe der Zeit entwickelt; je höher der Zinssatz, desto schneller und stärker wächst das Kapital (die Größe p beschreibt dabei den Zinssatz in Prozent, so dass die Beziehung $p = 100 \cdot i$ gilt). Insbesondere bei längerer Laufzeit ist der Unterschied der Endwerte bei den beiden Arten der Verzinsung gravierend.

Als Standard in der klassischen Finanzmathematik wird meist Folgendes festgelegt: Für einen Zeitraum von $0 < t \leq 1$ wird lineare Verzinsung angewendet, bei $t \geq 1$ geometrische (für $t = 1$ stimmen die Resultate überein). Es wurde jedoch bereits darauf hingewiesen, dass es auch Situationen gibt, wo lineare Verzinsung für $t > 1$ angewendet wird, andererseits auch geometrische Verzinsung für $0 < t < 1$ (siehe die in Kap. 9 erwähnte **Preisangabenverordnung**).

Von **gemischter Verzinsung** spricht man, wenn lineare und geometrische Verzinsung aufeinandertreffen, etwa bei einer Geldanlage auf einem Sparbuch, die mitten im Jahr beginnt und nach mehreren Jahren irgendwann endet. Dann hat man bei kalenderweiser Verzinsung drei Abschnitte, in denen linear, geometrisch bzw. wieder linear verzinst wird. Die entsprechende Formel ist relativ kompliziert (vgl. Luderer 2015, Punkt 4.2). Daher wird sie in der Finanzmathematik gern durch die Grundformel (G3) ersetzt. Die Abweichung ist gering, was daran liegt, dass für kleine i die Beziehung $(1 + i)^t \approx 1 + it$ gilt.

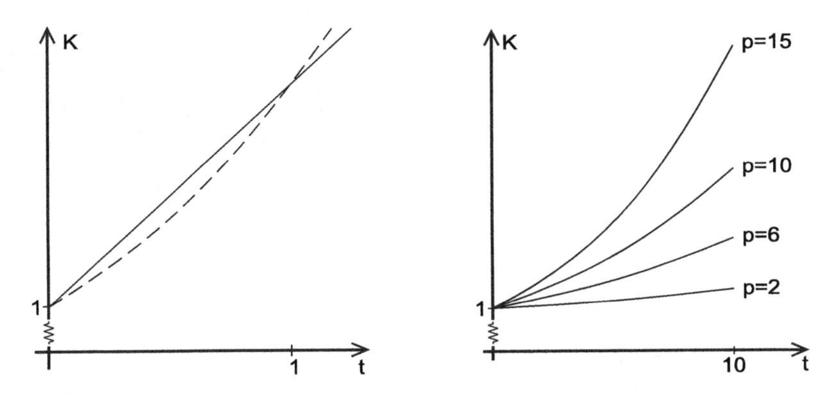

Abb. 3.1 Vergleich von linearer und geometrischer Verzinsung

Die Lösung einer mathematischen Aufgabe sollte unabhängig vom Lösungsweg sein. Für die Finanzmathematik bedeutet das: Beim Berechnen des Zeitwertes eines Kapitals sollte das Ergebnis nicht vom eingeschlagenen Weg abhängen. Genauer: Gegeben seien das Kapital K_0 im Zeitpunkt $t = 0$ sowie die beiden Zeitpunkte t_1 und t_2 mit $0 < t_1 < t_2$. Gesucht ist der Zeitwert K_{t_1}. Dann sollte es gleichgültig sein, ob man direkt von $t = 0$ auf t_1 aufzinst oder zunächst auf t_2 aufzinst und dann wieder von t_2 auf t_1 abzinst (mit der Differenzzeit $t_2 - t_1$); Letzteres ist in manchen Situationen einfacher.

Für die geometrische Verzinsung stimmt das auch, denn es gilt

$$K_{t_1} = K_0 \cdot (1 + i)^{t_1} = K_0 \cdot (1 + i)^{t_2} \cdot \frac{1}{(1 + i)^{t_2 - t_1}} .$$

Für die lineare Verzinsung gilt dies jedoch im Allgemeinen nicht, da der Wert $K_0 \cdot (1 + it_1)$ in der Regel von $K_0 \cdot (1 + it_2) \cdot \frac{1}{1+i(t_2-t_1)}$ abweicht, was in mancherlei Hinsicht unbequem ist (siehe Gegenbeispiel).

Beispiel

Der Betrag von 100€ soll bei einem Zinssatz von 5 % und linearer Verzinsung zum einen um acht Monate aufgezinst werden, zum anderen um ein Jahr aufgezinst und anschließend um vier Monate abgezinst werden. Im ersten Fall ergibt sich $K_{8/12} = 100 \cdot (1 + 0{,}05 \cdot \frac{8}{12}) = 103{,}33$€, im zweiten $K_{8/12} = 100 \cdot (1 + 0{,}05) \cdot \frac{1}{1+0{,}05 \cdot \frac{4}{12}} = 103{,}28$€. Die beiden berechneten Zeitwerte unterscheiden sich.

4 Durch regelmäßiges Sparen zum Ziel

In diesem Kapitel sollen innerhalb einer Zinsperiode mehrfache, in regelmäßigen Abständen erfolgende, konstante Zahlungen betrachtet und zu einer einzigen Zahlung am Ende der Zinsperiode zusammengefasst werden. Dabei wollen wir uns zunächst auf das Jahr als Zinsperiode und monatliche Zahlungen konzentrieren. Solche Situationen treten unter anderem bei Sparplänen, aber auch bei der Rückzahlung von Darlehen auf, wenn monatliche Zahlungen und jährliche Verzinsung in Übereinstimmung zu bringen sind.

Die uns interessierende Frage lautet: Welcher Endbetrag R ergibt sich am Ende des Jahres, wenn zu Beginn jedes Monats (also bei **vorschüssigen** Zahlungen) jeweils ein Betrag der Höhe r angelegt wird und der zugrunde liegende Zinssatz i beträgt? Abb. 4.1 verdeutlicht die angesprochene Situation.

Die Januareinzahlung wird ein ganzes Jahr lang verzinst (so dass $t = 1 = \frac{12}{12}$ gilt) und wächst deshalb entsprechend der Grundformel (G1) auf $r \cdot (1 + i) = r \cdot \left(1 + i \cdot \frac{12}{12}\right)$ an. Nach derselben Formel wächst die Februareinzahlung bis zum Jahresende auf $r \cdot \left(1 + i \cdot \frac{11}{12}\right)$ an usw. Die Dezemberzahlung liefert schließlich einen Endbetrag von $r \cdot \left(1 + i \cdot \frac{1}{12}\right)$, da sie noch einen Monat lang verzinst wird. Daher beträgt die Gesamtsumme am Jahresende (unter Ausnutzung der Summenformel der arithmetischen Reihe)

$$\begin{aligned} R &= r\left(1 + i \cdot \frac{12}{12} + 1 + i \cdot \frac{11}{12} + \ldots + 1 + i \cdot \frac{1}{12}\right) \\ &= r\left(12 + \frac{i}{12} \cdot [12 + 11 + \ldots + 1]\right) \\ &= r\left(12 + \frac{i}{12} \cdot \frac{13 \cdot 12}{2}\right), \end{aligned}$$

B. Luderer, *Klassische Finanzmathematik*, essentials,
https://doi.org/10.1007/978-3-658-28327-8_4

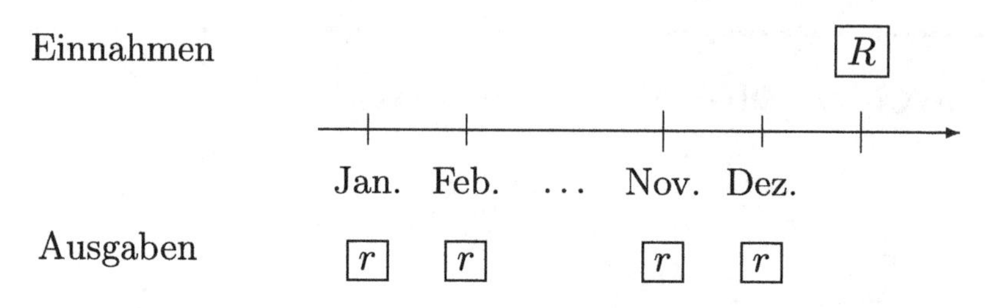

Abb. 4.1 Regelmäßige monatliche Einzahlungen (vorschüssig)

also schließlich

$$R = r \cdot (12 + 6{,}5 \cdot i)\,. \tag{G5}$$

Die Größe R wird in diesem Zusammenhang als **Jahresersatzrate** bezeichnet, da sie als Ersatz für die zwölf monatlichen Einzelzahlungen dienen kann. Es ist also gleichgültig, ob jemand monatlich r einzahlt oder einmalig am Jahresende den Betrag R. Wir werden später darauf zurückkommen.

Beispiel

Frau X. spart regelmäßig zu Monatsbeginn 100 €. Über welche Summe kann sie am Jahresende verfügen, wenn die Verzinsung 6 % p. a. beträgt?

Aus der Grundformel (G5) ergibt sich für die konkret gewählten Werte $r = 100$ und $i = 6\,\% = 0{,}06$ unmittelbar das Ergebnis $R = 100\,(12 + 6{,}5 \cdot 0{,}06) = 1239$. Frau X. hat also am Jahresende einen Betrag von 1239 € zur Verfügung.

Man beachte, dass sich die Jahresersatzrate auf das Jahres**ende** bezieht, obwohl die monatlichen Zahlungen jeweils zu Beginn, also vorschüssig erfolgen.

Erfolgen die monatlichen Zahlungen jeweils am Monatsende, so lautet die Endsumme

$$R = r \cdot (12 + 5{,}5 \cdot i) \tag{G6}$$

und man spricht von **nachschüssigen** monatlichen Zahlungen. Die Herleitung kann analog zu oben erfolgen; man kann sich jedoch auch leicht überlegen, dass die Größe 6,5 gerade um eins auf 5,5 vermindert werden muss, da die Januarzahlung wegfällt und dafür die letzte, Ende Dezember erfolgende Zahlung überhaupt nicht verzinst wird.

Nun soll das obige Problem noch etwas verallgemeinert werden, indem die Zinsperiode beliebig ist (z. B. ein Quartal) und diese in m kürzere Perioden der Länge $\frac{1}{m}$ unterteilt wird (beispielsweise soll ein Quartal in drei Monate unterteilt werden). Zu jedem Zeitpunkt $\frac{k}{m}$, $k = 0, 1, \ldots, m-1$, also jeweils zu Beginn jeder kurzen Periode, erfolge eine Zahlung in Höhe von r.

Es ergeben sich die folgenden beiden Formeln für die Jahresersatzrate (vor- und nachschüssiger Fall):

$$R = r \cdot \left(m + \frac{m+1}{2} \cdot i \right), \tag{4.1}$$

$$R = r \cdot \left(m + \frac{m-1}{2} \cdot i \right). \tag{4.2}$$

Fazit: Die zu Beginn oder Ende jeder *kurzen* Periode erfolgenden Zahlungen wurden jeweils in eine äquivalente Einmalzahlung umgerechnet, die am Ende der Zinsperiode (*lange* Periode) fällig ist.

5 Rentenrechnung – nicht nur für Rentner

Die Rentenrechnung befasst sich mit der Fragestellung, mehrere regelmäßig wiederkehrende Zahlungen zu **einem** Wert (unter Berücksichtigung der anfallenden Zinsen) zusammenzufassen bzw. umgekehrt, einen gegebenen Wert unter Beachtung anfallender Zinsen in eine bestimmte Anzahl von Zahlungen aufzuteilen **(Verrentung eines Kapitals).** Die Altersrente ist nur *ein* Beispiel für solche regelmäßigen Zahlungen; auch die Tilgung eines Kredits, Spar- und Auszahlpläne und vieles mehr passt in dieses Schema. Da – wie mehrfach betont wurde – der Wert einer Zahlung von deren Fälligkeitszeitpunkt abhängig ist, unterscheidet man den **Rentenbar-** sowie den **Rentenendwert** (Beginn und Ende der Rente).

Im Weiteren wird zunächst vorausgesetzt, dass Folgendes gilt:

Ratenperiode = Zinsperiode

So sollen also beispielsweise bei jährlicher Verzinsung auch die Zahlungen jährlich erfolgen.

Nach dem Zeitpunkt, an dem die Rentenzahlungen erfolgen, unterscheidet man zwischen **vorschüssigen** und **nachschüssigen** Renten, deren Zahlungen jeweils zu Periodenbeginn bzw. -ende erfolgen. Vorschüssige Renten treten oftmals im Zusammenhang mit regelmäßigem Sparen (Sparpläne) oder Mietzahlungen auf, nachschüssige Zahlungen sind typisch für die Rückzahlung von Darlehen oder für Gehaltszahlungen.

B. Luderer, *Klassische Finanzmathematik,* essentials,
https://doi.org/10.1007/978-3-658-28327-8_5

Ferner unterscheidet man **Zeitrenten** und **ewige Renten** (von unbegrenzter Dauer), wobei die **Zeitrenten** (von begrenzter Dauer) das Kernstück der Finanzmathematik bilden, während **ewige** Renten eine mehr oder weniger theoretische, aber häufig nützliche Konstruktion zur Rechenvereinfachung darstellen. Die Zahlungen in jeder der Perioden sollen konstant sein, man spricht dann von **starrer** Rente. Eine Verallgemeinerung bilden die **dynamischen** Renten, die wachsend oder fallend sein können.

Leibrenten, die solange gezahlt werden, wie der Begünstigte lebt und die daher von der durchschnittlichen Lebenserwartung der Versicherungsnehmer abhängig sind, werden im Rahmen der klassischen Finanzmathematik nicht behandelt; sie spielen jedoch in der Versicherungsmathematik eine große Rolle.

Wichtige Größen in der Rentenrechnung sind:

n	Anzahl der Renten- bzw. Zinsperioden
i	Zinssatz
$q = 1 + i$	Aufzinsungsfaktor für ein Jahr
q^n	Aufzinsungsfaktor für n Jahre
R	Rate
E	Kapital am Ende der n-ten Zinsperiode; Rentenendwert
B	Kapital zum Zeitpunkt $t = 0$; Rentenbarwert

Vorschüssige Renten

Wie bereits erwähnt, besteht das Grundproblem der Rentenrechnung in der Zusammenfassung der n Einzelzahlungen zu einer Gesamtzahlung. Da die Höhe der letzteren vom Zeitpunkt abhängt, zu dem diese Zahlung erfolgt oder zu dem die Verrechnung vorgenommen wird, kommt es also auf den betrachteten Zeitpunkt t an. Von besonderer Bedeutung sind zwei Zeitpunkte: $t = n$, der dem **Rentenendwert** entspricht, und der Zeitpunkt $t = 0$, der zum **Rentenbarwert** gehört.

Werden die Raten jeweils zu Periodenbeginn gezahlt, spricht man von **vorschüssiger** Rente. In Abb. 5.1 sind die (konstanten) Zahlungen zusammen mit ihren Zahlungszeitpunkten sowie darunter die Endwerte der Einzelzahlungen dargestellt; diese erhält man durch Anwendung der Grundformel (G3) auf jede einzelne Zahlung (mit $q = 1 + i$).

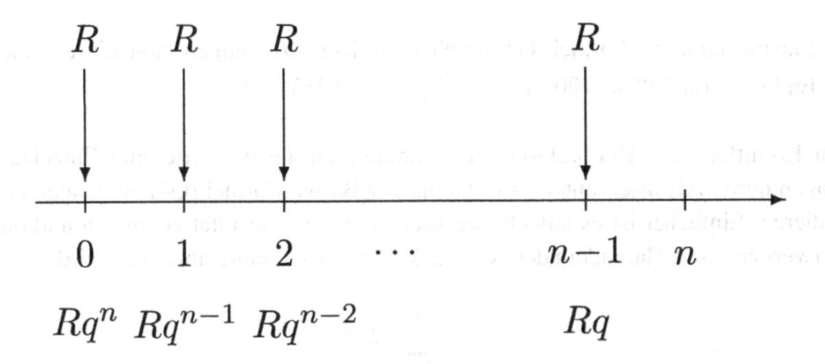

Abb. 5.1 Endwerte der einzelnen vorschüssigen Zahlungen

Zunächst soll der **Rentenendwert** E^{vor} berechnet werden, also derjenige Betrag, der zum Zeitpunkt $t = n$ ein äquivalent für die n zu zahlenden Raten der Höhe R darstellt. Zu seiner Berechnung nutzen wir die Endwerte der einzelnen Zahlungen gemäß der Endwertformel (G3) bei geometrischer Verzinsung mit $K_0 = R$, wobei zu beachten ist, dass die einzelnen Raten entsprechend den unterschiedlichen Zahlungszeitpunkten über eine unterschiedliche Anzahl von Perioden aufgezinst werden müssen. Unter Nutzung der gut bekannten Formel der geometrischen Reihe werden nun alle Einzelwerte aufsummiert (vgl. beispielsweise Grundmann und Luderer 2009, S. 13):

$$\begin{aligned} E^{\text{vor}} &= R \cdot q + R \cdot q^2 + \ldots + R \cdot q^{n-1} + R \cdot q^n \\ &= R \cdot q \cdot (1 + q + \ldots + q^{n-2} + q^{n-1}) \\ &= R \cdot q \cdot \tfrac{q^n - 1}{q - 1} . \end{aligned}$$

Ersetzt man nun wieder q durch $1 + i$, so ergibt sich endgültig die **Endwertformel der vorschüssigen Rentenrechnung:**

$$E^{\text{vor}} = R \cdot (1 + i) \cdot \frac{(1 + i)^n - 1}{i} . \tag{G7}$$

Beispiel

Für ihre Enkeltochter zahlt eine Großmutter jeweils zu Jahresbeginn 100 € auf ein Sparkonto ein. Auf welchen Betrag sind die Einzahlungen nach 18 Jahren bei 5 % Verzinsung p. a. angewachsen?

Entsprechend der Formel (G7) ergeben die 18 Einzahlungen samt Zinsen einen Endwert von $E^{\text{vor}} = 100 \cdot 1{,}05 \cdot \frac{1{,}05^{18}-1}{0{,}05} = 2\,953{,}90\,€$.

Zur Ermittlung des **Rentenbarwertes** könnte man die Barwerte aller Einzelzahlungen durch Abzinsen unter Anwendung der Barwertformel (G4) berechnen und addieren. Einfacher ist es jedoch, das soeben erzielte Resultat zu nutzen und den Barwert zu ermitteln, indem der Ausdruck E^{vor} über n Jahre abgezinst wird:

$$B^{\text{vor}} = \frac{1}{q^n} \cdot E^{\text{vor}} . \tag{5.1}$$

Setzt man den Ausdruck aus (G7) ein, so resultiert aus (5.1) die **Barwertformel der vorschüssigen Rentenrechnung**:

$$B^{\text{vor}} = R \cdot \frac{(1+i)^n - 1}{(1+i)^{n-1} \cdot i} \tag{G8}$$

Die als Faktor bei R stehende Größe gibt an, welchen Wert eine n Perioden lang vorschüssig zahlbare Rente vom Betrag 1 zum Zeitpunkt $t = 0$ hat oder, anders gesagt, über wie viele Jahre hinweg man (unter Berücksichtigung der anfallenden Zinsen) eine Rente der Höhe 1 zahlen kann, wenn man in $t = 0$ über den Betrag B^{vor} verfügt.

Beispiel

Über welchen Betrag müsste ein Rentner zu Rentenbeginn verfügen, damit er bei 6 % Verzinsung pro Jahr zwanzig Jahre lang jährlich vorschüssig 10 000 € ausgezahlt bekommen kann?

Gefragt ist hier nach dem Barwert einer vorschüssigen Rente der Höhe $R = 10\,000$. Gemäß der Barwertformel der vorschüssigen Rentenrechnung beträgt dieser $B^{\text{vor}} = 10\,000 \cdot \frac{1{,}06^{20}-1}{1{,}06^{19} \cdot 0{,}06} = 121\,581{,}16\,€$.

Nachschüssige Renten

Hier erfolgen die Ratenzahlungen jeweils am Ende einer Zinsperiode. In Abb. 5.2 ist dies anschaulich dargestellt.

Durch Addition der n einzelnen Endwerte ergibt sich der **Endwert der nachschüssigen Rente** als geometrische Reihe mit dem Anfangswert R, dem konstanten

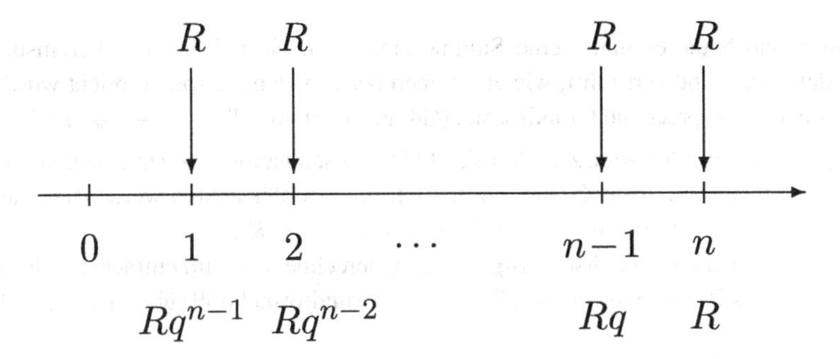

Abb. 5.2 Endwerte der einzelnen nachschüssigen Zahlungen

Quotienten q und der Gliederzahl n:

$$\begin{aligned} E^{\text{nach}} &= R + R \cdot q + \ldots + R \cdot q^{n-1} \\ &= R \cdot (1 + q + \ldots + q^{n-1}) = R \cdot \tfrac{q^n - 1}{q - 1}. \end{aligned}$$

Ersetzt man wiederum q durch $1 + i$, so erhält man die folgende Grundformel (G9) für den **Endwert einer nachschüssigen Rente:**

$$E^{\text{nach}} = R \cdot \frac{(1+i)^n - 1}{i}. \tag{G9}$$

Vergleicht man die Endwertformeln der vor- und nachschüssigen Rentenrechnung miteinander, erkennt man, dass im nachschüssigen Fall der Faktor $1 + i$ fehlt. Das rührt daher, dass jede Zahlung um eine Periode später erfolgt und damit einmal weniger aufgezinst wird. Logischerweise ist damit auch der Endwert einer vorschüssigen Rentenzahlung (bei sonst gleichen Parametern) größer als der Endwert bei nachschüssiger Zahlung.

Beispiel

(vgl. das Beispiel auf S. 21) Für ihre Enkeltochter zahlt eine Großmutter jeweils am Jahresende 100 € auf ein Sparkonto ein. Auf welchen Betrag sind die Einzahlungen nach 18 Jahren bei 5 % Verzinsung p. a. angewachsen?

Entsprechend der Grundformel (G9) ergeben die 18 Einzahlungen inklusive Zinsen einen Endwert von $E^{\text{nach}} = 100 \cdot \frac{1{,}05^{18} - 1}{0{,}05} = 2\,813{,}24$ €. Der erzielte Endbetrag ist somit bei gleich hohen, aber späteren Einzahlungen um etwa 140 € geringer.

Wollte man heute einmalig eine Summe einzahlen, die bei gleicher Verzinsung auf denselben Endwert führt, wie er im eben betrachteten Beispiel erreicht wurde, müsste dies entsprechend Grundformel (G4) ein Wert von $B^{\text{nach}} = \frac{1}{(1+i)^n} \cdot E^{\text{nach}} = \frac{2\,813{,}24}{1{,}05^{18}} = 1\,168{,}96$ € sein. Zum Vergleich: Die Gesamtsumme G der Einzahlungen (bei der aber natürlich die Zahlungszeitpunkte nicht berücksichtigt werden!) beträgt 1800 €. Allgemein gilt für $i > 0$ und $t > 0$: $K_0 < G < K_t$.

Den **Barwert der nachschüssigen Rente** berechnet man am einfachsten durch Abzinsen des Rentenendwertes E^{nach} aus der Grundformel (G9) über n Jahre, d. h.

$$B^{\text{nach}} = \frac{1}{q^n} \cdot E^{\text{nach}} \tag{5.2}$$

bzw. unter Nutzung von (G9)

$$B^{\text{nach}} = R \cdot \frac{(1+i)^n - 1}{(1+i)^n \cdot i}. \tag{G10}$$

Beispiel

Über welchen Betrag müsste ein Rentner zu Rentenbeginn verfügen, damit er bei 6 % Verzinsung p. a. zwanzig Jahre lang jährlich nachschüssig 10 000 € ausgezahlt bekommen kann?

Gesucht ist demnach der Barwert einer nachschüssigen Rente der Höhe $R = 10\,000$. Gemäß der Barwertformel der nachschüssigen Rentenrechnung (G10) beträgt der Barwert $B^{\text{vor}} = 10\,000 \cdot \frac{1{,}06^{20}-1}{1{,}06^{20} \cdot 0{,}06} = 114\,699{,}20$ €. Verglichen mit der vorschüssigen Zahlungsweise (vgl. S. 22) wird hier ca. 7000 € weniger an Ausgangskapital benötigt, denn die Auszahlungen erfolgen jeweils ein Jahr später, so dass das Restkapital länger verzinst wird.

Vergleicht man die beiden Formeln (G8) und (G10) miteinander, erkennt man, dass $B^{\text{vor}} = (1+i) \cdot B^{\text{nach}}$ gilt. Der Leser kann dies leicht für die obigen Beispiele überprüfen. Außerdem kann man noch eine Interpretation des Barwertes geben: Wird von der Ausgangssumme (d. h. dem Barwert) jährlich die vereinbarte Rate von 10 000 € entnommen, so ist nach 20 Jahren das Konto gerade leer.

Ewige Renten

Erfolgen die Rentenzahlungen zeitlich unbegrenzt, spricht man von **ewiger Rente.** Dies erscheint zunächst unrealistisch, stellt aber zum einen eine Rechenvereinfachung bei großer Periodenanzahl n dar. Zum anderen gibt es reale Situationen, in denen die ewige Rente sachgemäß ist (tilgungsfreie Hypothekendarlehen oder Stiftungen, wo nur die Zinserträge ausbezahlt werden und das eigentliche Kapital unangetastet bleibt, d. h. **kein Kapitalverzehr**).

Die Frage nach dem Endwert einer ewigen Rente ist nicht sinnvoll, so dass allein der **Rentenbarwert** von Interesse ist. Diesen ermittelt man durch Umformung der Barwertformel und anschließenden Übergang zum Grenzwert (es gelte wieder $q = 1 + i$). Man erhält

$$B_{\infty}^{\text{vor}} = \lim_{n\to\infty} \frac{R}{q^{n-1}} \cdot \frac{q^n - 1}{q - 1} = \lim_{n\to\infty} R \cdot \frac{q - \frac{1}{q^{n-1}}}{q - 1}. \tag{5.3}$$

Wegen $i > 0$ ist $q > 1$. Daher gilt $\lim\limits_{n\to\infty} q^{n-1} = \infty$ sowie $\lim\limits_{n\to\infty} \frac{1}{q^{n-1}} = 0$, so dass sich aus der Beziehung (5.3) für den **Barwert der vorschüssigen ewigen Rente** endgültig diese Formel ergibt:

$$B_{\infty}^{\text{vor}} = R \cdot \frac{q}{q - 1} = R \cdot \frac{1+i}{i}. \tag{5.4}$$

Analog ergibt sich für den **Barwert der nachschüssigen ewigen Rente**

$$B_{\infty}^{\text{vor}} = R \cdot \frac{1}{q - 1} = \frac{R}{i}. \tag{5.5}$$

Diese Formel hat eine einfache Interpretation, wenn man sie leicht umformt: Aus $B = \frac{R}{i}$ folgt $R = B \cdot i$. Die rechte Seite stellt die anfallenden Zinsen dar, so dass die Rate gleich den Zinsen sein muss, damit das Kapital unverändert bleibt.

6 Lieber Schuldner oder Gläubiger sein?

Eng verbunden mit der Rentenrechnung ist die **Tilgungsrechnung,** die dann anzuwenden ist, wenn ein **Gläubiger** einem **Schuldner** Geld leiht, welches Letzterer in (zumeist gleichen) Raten zurückzahlt. Daher geht es um die Bestimmung der Rückzahlungsraten für Zinsen und Tilgung eines aufgenommenen Kapitalbetrages. Es können aber auch andere Bestimmungsgrößen wie die Laufzeit bis zur vollständigen Tilgung oder die Effektivverzinsung gesucht sein.

Grundsätzlich erwartet der **Gläubiger,** dass der **Schuldner** seine Schuld verzinst und vereinbarungsgemäß zurückzahlt (wie das Wort schon sagt, er glaubt daran). Die Rückzahlungen, bestehend aus Tilgungs- und Zinsanteil, werden **Annuitäten** genannt (dieser Begriff kommt von *annus:* lat. „Jahr"; er kann sich aber auch allgemeiner auf eine beliebige Zins- bzw. Zahlungsperiode beziehen).

Im Weiteren wird stets von diesen allgemeinen Vereinbarungen ausgegangen, die zur Folge haben, dass die Formeln der nachschüssigen Rentenrechnung anwendbar sind:

- Rentenperiode = Zinsperiode = 1 Jahr
- die Anzahl der Rückzahlungsperioden beträgt n Jahre
- die Annuitätenzahlung erfolgt am Periodenende

Je nach Rückzahlungsmodalitäten unterscheidet man zwei Hauptformen der Tilgung:

B. Luderer, *Klassische Finanzmathematik,* essentials,
https://doi.org/10.1007/978-3-658-28327-8_6

- **Ratentilgung** (konstante Tilgungsraten)
- **Annuitätentilgung** (konstante Annuitäten)

Im Weiteren finden die folgenden Bezeichnungen Anwendung:

S_0	Kreditbetrag, Anfangsschuld
S_k	Restschuld am Ende der k-ten Periode, $k = 1, \dots, n$
T_k	Tilgung in der k-ten Periode, $k = 1, \dots, n$
Z_k	Zinsen in der k-ten Periode, $k = 1, \dots, n$
A_k	Annuität in der k-ten Periode: $A_k = T_k + Z_k$
i	zugrunde liegender (Nominal-)Zinssatz

Ratentilgung (jährliche Zahlungen)

Bei dieser Tilgungsform sind die jährlichen Tilgungsraten konstant:

$$T_k = T = \text{const} = \frac{S_0}{n}, \quad k = 1, \dots, n.$$

Für die weiteren vorkommenden Größen sollen lediglich die entsprechenden Formeln angegeben werden; ihre Herleitung kann man beispielsweise in Luderer 2015, Kap. 6 finden.

Die Restschuld S_k nach k Perioden stellt eine arithmetische Folge mit dem Anfangsglied S_0 und der Differenz $d = -T = -\frac{S_0}{n}$ dar:

$$S_k = S_0 \left(1 - \frac{k}{n}\right), \quad k = 1, \dots, n.$$

Die für die Restschuld S_{k-1} am Ende der Vorperiode zu zahlenden Zinsen bilden ebenfalls eine arithmetisch fallende Zahlenfolge, wobei die Differenz aufeinanderfolgender Glieder $d = -\frac{S_0}{n} \cdot i$ beträgt:

489837_1_De_6_Chapter-print ☑ TYPESET ☐ DISK ☐ LE ☑ CP Disp.:6/11/2019 Pages: 56 Layout: German_A5

$$Z_k = S_{k-1} \cdot i = S_0 \cdot \left(1 - \frac{k-1}{n}\right) \cdot i.$$

Da sich die Zinszahlungen im Laufe der Zeit verringern, die Tilgungsraten aber konstant bleiben, ergeben sich aufgrund der Beziehung $A_k = T_k + Z_k$ fallende Annuitäten, wie in Abb. 6.1 schematisch für $n = 5$ dargestellt.

Es ist üblich, alle Zusammenhänge in übersichtlicher Weise in Form eines **Tilgungsplans** darzustellen. Dieser besteht in einer tabellarischen Aufstellung der geplanten Rückzahlung eines aufgenommenen Kapitalbetrages innerhalb einer bestimmten Laufzeit. Er enthält für jede Rückzahlungsperiode die Restschuld zu Periodenbeginn und zu Periodenende, Zinsen, Tilgung, Annuität und gegebenenfalls weitere notwendige Informationen (bspw. Aufschläge). Einem Tilgungsplan liegen folgende Gesetzmäßigkeiten zugrunde:

$Z_k = S_{k-1} \cdot i$	Zinszahlung erfolgt jeweils auf die Restschuld
$A_k = T_k + Z_k$	Annuität = Summe von Tilgung plus Zinsen
$S_k = S_{k-1} - T_k$	Restschuld am Periodenende = Restschuld zu Periodenbeginn minus Tilgung

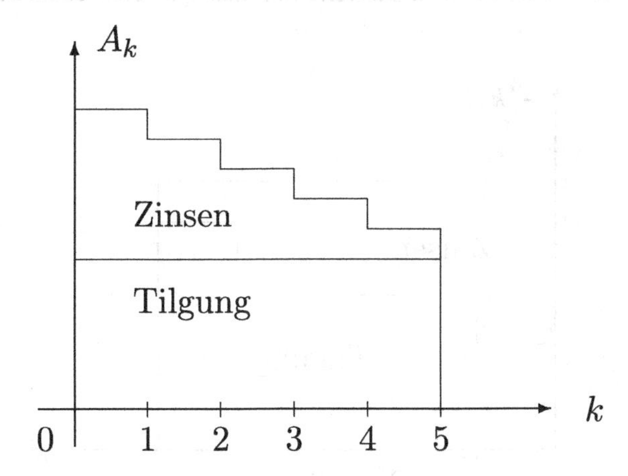

Abb. 6.1 Entwicklung der Annuitäten bei Ratentilgung

Mithilfe dieser Gesetzmäßigkeiten können die Werte im Tilgungsplan sukzessive nacheinander berechnet werden, wobei sich allerdings ein einmal begangener Fehler durch die gesamte Rechnung zieht. Als Alternative lassen sich die oben hergeleiteten Formeln zur direkten Berechnung aller eingehenden Größen oder auch zur Rechenkontrolle nutzen.

Annuitätentilgung (jährliche Vereinbarungen)

Wie oben ausgeführt, sind bei dieser Form der Tilgung die jährlichen Annuitäten konstant:

$$A_k = T_k + Z_k = A = \text{const.}$$

Aufgrund der jährlich erfolgenden Tilgungszahlungen verringert sich die Restschuld von Jahr zu Jahr, so dass die zu zahlenden Zinsen abnehmen und ein ständig wachsender Anteil der Annuität für die Tilgung zur Verfügung steht, wie dies in Abb. 6.2 verdeutlicht wird (exemplarisch für $n = 5$).

Zur Berechnung der Annuität können die Formeln der nachschüssigen Rentenrechnung verwendet werden, wobei das **Äquivalenzprinzip** genutzt wird (ausführlicher dazu siehe Kap. 9). Im Kontext der Tilgungsrechnung stellt dieses die Leistungen des Gläubigers den Leistungen des Schuldners gegenüber, wobei man sich der Vergleichbarkeit halber auf einen einheitlichen Zeitpunkt bezieht. Häufig ist das der Zeitpunkt $t = 0$, so dass also die Barwerte von Gläubiger- und Schuldnerleistungen

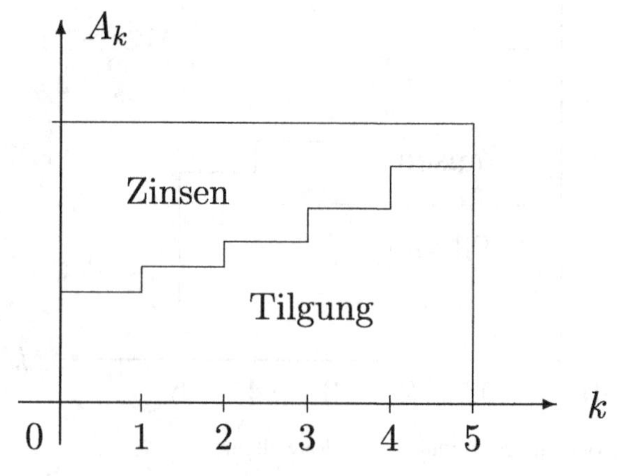

Abb. 6.2 Entwicklung von Zins- und Tilgungsbeträgen bei Annuitätentilgung

miteinander verglichen werden **(Barwertvergleich)**. Aus diesem Ansatz kann man dann jede der vorkommenden Größen ermitteln, sofern alle anderen gegeben sind.

Die Leistung des Gläubigers (Bank, Geldgeber) besteht in der Bereitstellung der Kreditsumme S_0 zum Zeitpunkt Null; diese stimmt demzufolge mit ihrem Barwert überein. (In der Praxis kann es sich allerdings auch um mehrere Teilzahlungen, z. B. je nach Baufortschritt, handeln; diese sind dann auf $t = 0$ abzuzinsen.) Der Barwert aller Zahlungen des Schuldners ist (wegen der üblichen nachschüssigen Zahlungsweise der Annuitäten) gleich dem Barwert einer nachschüssigen Rente mit konstanten Raten R in Höhe der gesuchten Annuität A, woraus sich gemäß der Barwertformel der nachschüssigen Rentenrechnung (G10) die Beziehung

$$S_0 = A \cdot \frac{(1+i)^n - 1}{(1+i)^n \cdot i} \tag{6.1}$$

ergibt. Durch Umformung dieses Ausdrucks erhält man schließlich als Formel für die Berechnung der Annuität:

$$A = S_0 \cdot \frac{(1+i)^n \cdot i}{(1+i)^n - 1}. \tag{6.2}$$

Der als Faktor bei S_0 stehende Ausdruck wird **Annuitäten-** oder **Kapitalwiedergewinnungsfaktor** genannt. Er gibt an, welcher Betrag jährlich nachschüssig zu zahlen ist, um in n Jahren eine Schuld von einer Geldeinheit vollständig zu tilgen, wobei die jeweils verbleibende Restschuld mit dem Zinssatz i verzinst wird.

Beispiel

Ein Darlehen von 100 000 € soll bei einem Zinssatz von 4 % p. a. innerhalb von zwanzig Jahren vollständig zurückgezahlt werden. Wie viel hat der Darlehensnehmer an jedem Jahresende an den Darlehensgeber zu zahlen?

Gefragt ist nach der Annuität A bei gegebenen Werten $n = 20$, $i = 0{,}04$ und $S_0 = 100\,000$. Aus der Beziehung (6.2) ergibt sich $A = 100\,000 \cdot \frac{(1{,}04)^{20} \cdot 0{,}04}{(1{,}04)^{20} - 1} = 7\,358{,}18$. Es sind also jährlich 7 358,18 € zu bezahlen.

Interessant (obwohl aus finanzmathematischer Sicht ziemlich unerheblich, da die Zahlungszeitpunkte nicht berücksichtigt werden) ist die Frage, wie viel der Darlehensnehmer insgesamt zu zahlen hat. Die Antwort ist einfach – die Gesamtsumme beträgt $G = A \cdot n$, im vorliegenden Fall demnach $G = 7\,358{,}18 \cdot 20 = 147\,163{,}60$ €, also fast anderthalbmal so viel wie das Darlehen selbst. Bei anderen Daten (niedrigerer Zinssatz, längere Laufzeit) kann es auch gut das Doppelte oder Dreifache sein.

489837_1_De_6_Chapter-print ☑ TYPESET ☐ DISK ☐ LE ☑ CP Disp.:6/11/2019 Pages: 56 Layout: German_A5

Von Interesse sind wiederum Formeln für die Tilgungsbeträge T_k, Restschulden S_k sowie Zinszahlungen Z_k, $k = 1, \ldots, n$. Diese sollen nachfolgend – teilweise in mehreren Versionen – angegeben, aber nicht hergeleitet werden; für Details siehe Luderer 2015, Kap. 6:

$$T_k = T_1 \cdot (1+i)^{k-1} \quad \text{mit} \quad T_1 = A - S_0 \cdot i, \tag{6.3}$$

$$Z_k = Z_1 - T_1 \cdot \left((1+i)^{k-1} - 1\right) = A - T_1 \cdot (1+i)^{k-1}, \tag{6.4}$$

$$S_k = S_0 - T_1 \cdot \frac{(1+i)^k - 1}{i} = S_0 \cdot (1+i)^k - A \cdot \frac{(1+i)^k - 1}{i}. \tag{6.5}$$

Die Formel (6.1) kann nicht nur nach A, sondern auch nach n umgestellt werden. Sind beispielsweise der Kreditbetrag S_0, der Zinssatz i und die Annuität A gegeben, so kann die Dauer bis zur vollständigen Tilgung durch Umstellung von (6.2) nach n bestimmt werden, wobei n nicht notwendig ganzzahlig sein muss:

$$n = \frac{1}{\ln(1+i)} \cdot \ln \frac{A}{A - S_0 \cdot i}. \tag{6.6}$$

Die Situation, dass die Laufzeit n gesucht ist, tritt z. B. bei der sog. **Prozentannuität** ein, die bei einem Darlehen dadurch charakterisiert ist, dass die Tilgung im ersten Jahr vorgegeben wird (von der Bank, die oftmals auf einer Mindesttilgung besteht, oder auch vom Kunden, der eine höhere Tilgung wählen kann); der Nominalzinssatz wird ohnehin durch die Bank zu marktüblichen Konditionen vorgegeben.

Beispiel

In einem Darlehensvertrag findet man die nachstehende Passage: „Das Darlehen wird zu 8 % p. a. verzinst und mit 1 % des ursprünglichen Kapitals zuzüglich der durch die Tilgung ersparten Zinsen getilgt."

Dann erhebt sich die Frage, nach wie vielen Jahren das Darlehen vollständig getilgt sein wird. Die bei der Annuitätentilgung konstante Annuität kann in diesem Fall mithilfe der Annuität im ersten Jahr leicht bestimmt werden: $A = \text{const} = A_1 = Z_1 + T_1 = 0{,}08 S_0 + 0{,}01 S_0 = 0{,}09 S_0$.

Konkret gelte $S_0 = 100\,000$ € und somit $A = 0{,}09 \cdot 100\,000 = 9000$ €. Aus der Formel (6.6) ergibt sich zunächst $n = \frac{1}{\ln 1{,}08} \cdot \ln \frac{9000}{9000 - 100\,000 \cdot 0{,}08} = \ln 9 / \ln 1{,}08 = 28{,}55$ [Jahre]. Entsprechend der Beziehung (6.5) beläuft sich die Restschuld nach 28 Jahren auf $S_{28} = 100\,000 \cdot 1{,}08^{28} - 9000 \cdot \frac{1{,}08^{28} - 1}{0{,}08} =$

489837_1_De_6_Chapter-print ☑ TYPESET ☐ DISK ☐ LE ☑ CP Disp.:6/11/2019 Pages: 56 Layout: German_A5

4 661,16 . Hierfür ergeben sich bei einem Zinssatz von 8 % p. a. Zinsen in Höhe von 372,89 €, so dass die Annuität im 29. Jahr 5 034,05 € beträgt.

Sofern sich – wie im eben betrachteten Beispiel – kein ganzzahliger Lösungswert für die Tilgungsdauer ergibt, fällt im letzten Jahr der Tilgung eine niedrigere Annuität an.

489837_1_De_6_Chapter-print ☑ TYPESET ☐ DISK ☐ LE ☑ CP Disp.:6/11/2019 Pages: 56 Layout: German_A5

7 Kurze und lange Perioden

Bisher wurde stets vorausgesetzt, dass die Zahlungsperiode und die Zinsperiode übereinstimmen. Was ist aber zu tun, wenn die Zahlungen oder die Verzinsung nicht der ursprünglich festgelegten Zinsperiode entsprechen?

In der Praxis besteht ein häufig auftretender Fall darin, dass von jährlich zu zahlenden Zinsen ausgegangen wird, die Zahlungen aber monatlich erfolgen. Wird andererseits ein monatlicher Zinssatz vereinbart, so entsteht die Frage nach dem Zinssatz pro Jahr, denn nur für diesen hat man ein „Gefühl" bzw. nur dieser dient in den allermeisten Fällen als Vergleichsbasis.

Der Einfachheit halber soll im Weiteren die (ursprüngliche) Zinsperiode ein Jahr betragen; sie soll die *lange* Periode genannt werden. In Verträgen der Finanzpraxis treten aber oftmals auch kürzere Perioden auf. So können z. B. halbjährliche, vierteljährliche oder monatliche Zins- oder Ratenzahlungen vereinbart sein. Dabei spricht man von **unterjähriger** Verzinsung oder Zahlung bzw. von *kurzen* Perioden.

Exkurs in die deutsche Sprache *Der Logik der Wortfolge „halbjährlich, monatlich, täglich, stündlich" etc. folgend, müsste ein Sammelbegriff eigentlich* **unterjährlich** *heißen, wenn es um die Häufigkeit des Eintretens eines bestimmten Vorgangs geht. Einen solchen Begriff kennt der Duden aber nicht, dort ist nur das Wort* **unterjährig** *zu finden. Andererseits bezeichnet die Endung „-ig" vorrangig die Dauer, wie aus der Wendung „Monatlich findet ein zweiwöchiges Seminar zur Finanzmathematik statt" klar wird. Wie auch immer, wir bleiben hier beim vom Duden empfohlenen Begriff „unterjährig", denn selbst die Gesellschaft für deutsche Sprache e. V. tut sich sehr schwer mit dieser Problematik (siehe* https://gfds.de/unterjaehrigunterjaehrlich).

B. Luderer, *Klassische Finanzmathematik*, essentials,
https://doi.org/10.1007/978-3-658-28327-8_7

Unterjährige Zahlungen, lineare Verzinsung

In Kap. 4 wurden zwölf monatliche (oder allgemeiner: m unterjährige) Zahlungen auf eine (nachschüssige) Zahlung pro Jahr umgerechnet, wobei unterjährig lineare Verzinsung unterstellt wurde. Das kann man in der Rentenrechnung nutzen, indem man anstelle von zwölf monatlichen nachschüssigen (bzw. vorschüssigen) Zahlungen der Höhe r nur *eine* Zahlung der Höhe $R = r \cdot (12 + 5{,}5i)$ (bzw. $R = r \cdot (12 + 6{,}5i)$) ansetzt. Zu beachten ist, dass die Ersatzrate R in *beiden* Fällen nachschüssig zahlbar ist.

In der Tilgungsrechnung, die in Kap. 6 vorgestellt wurde, kann man umgekehrt eine jährlich nachschüssig zu zahlende Annuität A in monatliche Annuitäten a (nachschüssig zahlbar) umrechnen, wobei gilt:

$$a = \frac{A}{12 + 5{,}5i}. \tag{7.1}$$

Unterjährige Verzinsung

Im Weiteren soll eine Zinsperiode der Länge eins (*lange* Periode, z. B. ein Jahr) in m unterjährige (*kurze*) Zinsperioden der Länge $\frac{1}{m}$ unterteilt werden. Es soll ein Betrag von K_0 angelegt werden. Von Bedeutung ist der Zusammenhang zwischen den Zinssätzen in der langen und der kurzen Periode, wobei zwei Fälle von besonderem Interesse sind.

[1] Gegeben sei der **nominelle** Zinssatz i für die lange Periode. Dann liegt es nahe, der kurzen Periode einen anteiligen Zinssatz in Höhe von i/m zuzuordnen (lineare Verzinsung), der **relativer unterjähriger** Zinssatz genannt wird. So weit, so gut. Da aber im Laufe der Ausgangszinsperiode m-mal verzinst wird, ergibt sich gemäß der Endwertformel bei geometrischer Verzinsung (G3) am Ende der langen Zinsperiode ein Wert von

$$K_1^{(m)} = K_0 \cdot \left(1 + \frac{i}{m}\right)^m. \tag{7.2}$$

Dieser Wert ist größer als der Endwert bei einmaliger Verzinsung mit dem nominellen Zinssatz i, d. h., es gilt die Ungleichung $K_1^{(m)} > K_0 \cdot (1 + i)$, was darin begründet ist, dass im Falle der unterjährigen Verzinsung die Zinsen wieder mitverzinst werden. Dies führt zum **Zinseszinseffekt.**

Fragt man daher nach dem auf die ursprüngliche Zinsperiode bezogenen Effektivzinssatz, dem **effektiven Jahreszinssatz** i_{eff}, hat man von diesem Ansatz auszugehen:

$$K_1 = K_0 \cdot (1 + i_{\text{eff}}) \stackrel{!}{=} K_1^{(m)} = K_0 \cdot \left(1 + \frac{i}{m}\right)^m .$$

Nach Kürzen mit K_0 und Umformen ergibt sich hieraus

$$i_{\text{eff}} = \left(1 + \frac{i}{m}\right)^m - 1. \tag{7.3}$$

2 Gegeben sei wiederum der nominelle Zinssatz i für die ursprüngliche *(lange)* Zinsperiode. Dann kann der zur unterjährigen *(kurzen)* Zinsperiode der Länge $\frac{1}{m}$ gehörige Zinssatz $\widehat{i}_m$, der bei m-maliger unterjähriger Verzinsung auf den gleichen Endwert wie die einmalige Verzinsung mit i führt, aus dem Ansatz

$$i = \left(1 + \widehat{i}_m\right)^m - 1 \tag{7.4}$$

ermittelt werden, woraus die Beziehung

$$\widehat{i}_m = (1+i)^{\frac{1}{m}} - 1 = \sqrt[m]{1+i} - 1 \tag{7.5}$$

resultiert. Diese Größe wird **äquivalenter unterjähriger** Zinssatz genannt.

Ähnliche Überlegungen wie oben kann man anstellen, wenn man vom Zinssatz in der kurzen Periode ausgeht und nach dem dazu gehörigen Zinssatz in der langen Periode fragt.

Beispiel

Ein Kapital von 1000 € wird über ein Jahr bei 6 % Verzinsung p. a. angelegt. Aus den Beziehungen (7.2) und (7.3) ergeben sich für verschiedene Werte von m folgende Resultate:

m	Verzinsung	Endwert $K_4^{(m)}$	i_{eff} (%)
1	Jährlich	$1000 \cdot 1{,}06 = 1060{,}00$	6,00
2	Halbjährlich	$1000 \cdot \left(1 + \frac{0{,}06}{2}\right)^2 = 1060{,}90$	6,09
4	Vierteljährlich	$1000 \cdot \left(1 + \frac{0{,}06}{4}\right)^4 = 1061{,}36$	6,14
12	Monatlich	$1000 \cdot \left(1 + \frac{0{,}06}{12}\right)^{12} = 1061{,}68$	6,17
360	Täglich	$1000 \cdot \left(1 + \frac{0{,}06}{360}\right)^{360} = 1061{,}83$	6,18

An diesem konkreten Beispiel sieht man, dass der Endwert nach einem Jahr (und folglich auch die Effektivverzinsung) umso größer wird, je öfter verzinst wird bzw. je kürzer die *kurze* Periode ist. Dies gilt auch allgemein, wie sich beweisen lässt. Hieraus entsteht die Frage, ob die immer größer werdenden Endkapitalien einem und, wenn ja, welchem Grenzwert bei immer kürzer werdenden Zeiträumen (d. h. bei $\frac{1}{m} \to 0$ bzw. $m \to \infty$) zustreben, wenn also das Kapital jede Stunde, jede Minute, jede Sekunde bzw. in jedem Augenblick verzinst wird.

Stetige Verzinsung

Wir kommen zum Problem der **stetigen** Verzinsung, die auch **Augenblicksverzinsung** genannt wird. Unter Verwendung des bekannten Grenzwertes

$$\lim_{m\to\infty}\left(1+\frac{i}{m}\right)^m = \mathrm{e}^i, \tag{7.6}$$

wobei $\mathrm{e} = 2{,}718\,281\,828\,459\ldots$ die **Euler'sche Zahl** ist, ergibt sich für das Endkapital nach der Zeit t bei stetiger Verzinsung die Berechnungsvorschrift

$$K_t = K_0 \cdot \mathrm{e}^{it}. \tag{7.7}$$

Die Größe i heißt in diesem Zusammenhang **Zinsintensität**. Um sie vom nominalen Zinssatz i zu unterscheiden, soll sie mit i^* bezeichnet werden.

Stetige Verzinsung bedeutet, dass in jedem Moment proportional zum augenblicklichen Kapital Zinsen gezahlt werden. Das Modell der stetigen Verzinsung stellt eine nützliche theoretische Konstruktion dar, ist aber auch z. B. beim Berechnen des Wertes von Optionen und in anderen Finanzmarktmodellen von großem Interesse, nicht zuletzt deshalb, weil die Exponentialfunktion $f(x) = \mathrm{e}^x$ viele gute Eigenschaften besitzt.

Die Zinsintensität i^* und der zugehörige Effektivzinssatz i_{eff}, der bei einmaliger jährlicher Verzinsung anzuwenden ist, hängen über diese beiden Beziehungen zusammen:

$$i_{\text{eff}} = \mathrm{e}^{i^*} - 1, \tag{7.8}$$

$$i^* = \ln(1+i). \tag{7.9}$$

Beispiel

Auf welchen Betrag wächst ein Kapital von 1000 € bei stetiger Verzinsung mit der Zinsintensität 0,06 innerhalb eines Jahres an? Welcher Effektivverzinsung entspricht dies?

Aus der Beziehung (7.7) ergibt sich unmittelbar der Endbetrag $K_1^\infty = 1000 \cdot e^{0,06 \cdot 1} = 1061{,}84$, was einer Effektivverzinsung von 6,18 % entspricht; vgl. Beziehung (7.8).

Anleihen, Kupons und Renditen 8

Anleihen sind festverzinsliche Wertpapiere. Sie funktionieren wie folgt: Beim Erwerb ist der Preis P zu zahlen, diesen nennt man **Kurswert.** Hat das Wertpapier den **Nominalwert (Nennwert)** $N = 100$ Geldeinheiten, so stimmt der Kurswert mit dem **Kurs** überein. Jährlich (oder auch in kürzeren Abständen) werden Zinsen gezahlt. Am Ende der Laufzeit erfolgt die Zinszahlung plus eine Rückzahlung R. Meist entspricht R dem Nominalwert, mitunter erfolgt auch eine Rückzahlung in davon abweichender Höhe. Die Höhe des Zinssatzes, **Kupon** genannt, betrage p (gemessen in Prozent, also bspw. $p = 5$).

Wir wollen uns hier auf ganzzahlige Restlaufzeiten beschränken, so dass die Anleihe gerade zum Zinstermin gekauft wird (allerdings **nach** Zinszahlung).[1] Ferner soll $N = R = 100$ gelten, und die (Rest-) Laufzeit soll n betragen. Dann ergibt sich der in Abb. 8.1 dargestellte Zahlungsstrom.

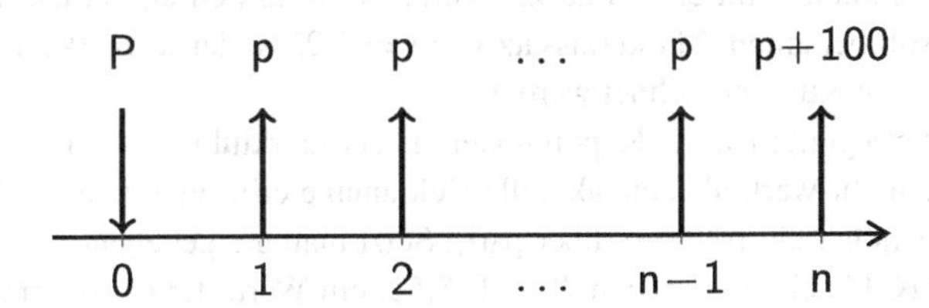

Abb. 8.1 Ein- und Auszahlungen einer Standardanleihe

[1] Wird die Anleihe zu *irgendeinem* Termin ge- oder verkauft, sind **Stückzinsen** zu berücksichtigen.

B. Luderer, *Klassische Finanzmathematik,* essentials,
https://doi.org/10.1007/978-3-658-28327-8_8

Vom Kupon zu unterscheiden ist der Marktzinssatz i. Das ist der aktuell an den Märkten übliche Zinssatz für festverzinsliche Wertpapiere, die in etwa die Laufzeit n aufweisen. Nun kann man unter Verwendung der Grundformel (G9) alle Kuponzahlungen zusammenfassen, mithilfe der Grundformel (G4) alle Zahlungen auf den Zeitpunkt $t = 0$ abzinsen und somit einen Barwertvergleich durchführen (der Preis P ist ohnehin in $t = 0$ zu zahlen, muss also nicht abgezinst werden):

$$P = \frac{1}{(1+i)^n} \cdot \left[p \cdot \frac{(1+i)^n - 1}{i} + 100 \right] \qquad \text{(G11)}$$

Die realistischere, aber auch kompliziertere Aufgabenstellung besteht darin, bei gegebenem Kurs die mit dem Wertpapier erzielte Rendite $i = i_{\text{eff}}$ zu berechnen, die in aller Regel vom Kupon abweicht, so dass also im Allgemeinen $i \neq \frac{p}{100}$ gilt. Leider ist es nämlich nicht möglich, die Beziehung (G11) explizit nach i aufzulösen, so dass numerische Näherungsverfahren zur Anwendung kommen müssen (siehe Kap. 9).

Zu bemerken ist, dass für $P = 100$ gerade $i = \frac{p}{100}$ gilt; man spricht dann von *zu pari* gehandelten Papieren. Für $P > 100$ spricht man von *über pari*, die Rendite ist dann geringer als der Kupon, da das Wertpapier „teuer" ist, für $P < 100$ *(unter pari)* ist $i > \frac{p}{100}$, das Papier ist „billig", verspricht jedoch einen hohen Kupon.

Beispiel

Für eine Anleihe mit einer Laufzeit von $n = 10$ Jahren und einem Kupon von $p = 4$ soll bei einem Marktzinssatz von $i = 2{,}25\,\%$ der **faire Wert** (das ist der theoretische Kurs) berechnet werden.

Vorüberlegung: Da der Kupon höher als der marktübliche Zinssatz ist, ist die Anleihe mehr wert, als eine aktuelle Geldanlage erbringen würde. Daher muss ihr Preis höher als 100 sein (über pari). Setzt man die gegebenen Größen in die Formel (G11) ein, ergibt sich $P = 115{,}52$, ein Wert, der (insbesondere wegen der langen Laufzeit) deutlich über 100 liegt.

9 Das Salz in der Suppe ist die Rendite

Die **Rendite** bzw. der **Effektivzinssatz** (zwei Begriffe, die mehr oder weniger Synonyme sind) ist die einer finanziellen Vereinbarung bzw. Geldanlage oder -aufnahme zugrunde liegende tatsächliche, einheitliche, durchschnittliche und – wenn nicht ausdrücklich anders vereinbart – auf den Zeitraum von einem Jahr bezogene Verzinsung. Vor allem diese Größe dient dem Vergleich verschiedener Zahlungspläne, Angebote usw. und ist deshalb überaus wichtig. Nicht umsonst besteht die gesetzliche Pflicht, bei Finanzverträgen stets den Effektivzinssatz auszuweisen.

Gründe, warum die Rendite bzw. der Effektivzins vom nominal angegebenen Zinssatz abweicht, können u. a. in Gebühren, Boni, Abschlägen bei der Auszahlung eines Darlehens, zeitlichen Verschiebungen von Zahlungen oder einer unterjährigen Zahlungsweise liegen.

In der Praxis weisen Geldgeschäfte wie Darlehensverträge, Zahlungspläne oder Finanzierungen in der Regel eine Vielzahl der genannten Sonderbedingungen auf, wodurch ein direkter Vergleich meist nicht möglich ist. Der einzige Weg besteht in der Berechnung der Rendite bzw. des Effektivzinssatzes. Leider gehören diese Berechnungen bis auf Sonderfälle zu einem relativ komplizierten Typ von Aufgaben, denn es sind jeweils aus dem Äquivalenzprinzip (siehe unten auf S. 44) resultierende Polynomgleichungen zu lösen, was im Allgemeinen nur näherungsweise, aber stets beliebig genau möglich ist. Für den mathematischen Laien: Es sind *Probierverfahren* anzuwenden.

Probierverfahren

Typisch für die Finanzmathematik ist das Auftreten von Polynomgleichungen höherer Ordnung. Diese haben folgende Gestalt:

B. Luderer, *Klassische Finanzmathematik,* essentials,
https://doi.org/10.1007/978-3-658-28327-8_9

$$f(x) = a_n x^n + a_{n-1} x^{n-1} + \ldots + a_2 x^2 + a_1 x + a_0 \stackrel{!}{=} 0. \tag{9.1}$$

Die links stehende Funktion f wird **Polynom n-ten Grades** genannt, weil die höchste Potenz n ist. Die Koeffizienten $a_n, a_{n-1}, \ldots, a_2, a_1, a_0$ sind gegebene reelle Zahlen, wobei $a_n \neq 0$ gelten soll. Gesucht ist ein Wert x_0 (oder mehrere) mit der Eigenschaft, dass, setzt man sie in die Funktion f ein, der Funktionswert gerade null beträgt (setzt man nämlich irgendeinen Wert $\tilde{x}$ in (9.1) ein, so wird der Funktionswert $f(\tilde{x})$ im Allgemeinen von null verschieden sein):

$$f(x_0) = 0. \tag{9.2}$$

Man nennt die Größe x_0 daher **Nullstelle.** Wie kann man einen solchen Wert x_0 finden? Den meisten Lesern werden mindestens zwei Fälle gut in Erinnerung sein – die lineare und die quadratische Gleichung. Im ersten Fall $a_1 x + a_0 = 0$ kann man durch einfache Umstellung die Lösung $x_0 = -a_0/a_1$ ermitteln; im zweiten Fall ist die entsprechende Lösungsformel (p, q-Formel) sicherlich noch gut bekannt. Es gibt zwar noch einige weitere Fälle, wo eine direkte Lösung möglich ist, im Allgemeinen aber kann man x_0 (sofern eine solche Zahl überhaupt existiert) nur durch systematisches Probieren gewinnen (vgl. dazu Luderer 2015, Kap. 2). Natürlich berechnet man heutzutage Nullstellen meistens mithilfe programmierbarer Taschenrechner oder geeigneter Computerprogramme, weshalb an dieser Stelle nicht näher darauf eingegangen werden soll.

Das Äquivalenzprinzip

Dieses kann beispielsweise lauten: „Die Leistungen des Schuldners sind gleich den Leistungen des Gläubigers“ oder „Der Wert aller Einzahlungen ist gleich dem aller Auszahlungen“ oder – etwas abgewandelt – „Verschiedene Zahlungsarten (z. B. Barzahlung und Finanzierung beim Autokauf) sind gleich günstig“. Hierbei wird natürlich ein bestimmter Zinssatz zugrunde gelegt, der entweder bekannt oder zu berechnen ist.

Da – wie wir wissen – der Wert von Zahlungen stets zeitabhängig ist, wird als Vergleichszeitpunkt oftmals $t = 0$ gewählt, was auf den **Barwertvergleich** führt. Mitunter ist es allerdings günstiger, einen **Endwertvergleich** durchzuführen. Das Äquivalenzprinzip ist eines der wichtigsten Hilfsmittel zur Ausführung von Berechnungen und stellt den Schlüssel zur Bestimmung von Renditen bzw. Effektivzinssätzen dar. Es führt jeweils auf eine Bestimmungsgleichung, aus der – in Abhängigkeit davon, welche Werte gegeben sind – die restlichen Größen ermittelt werden können.

Beispiele zur Ermittlung von Renditen

1 Das einfachste Beispiel einer Renditeermittlung stellt Grundformel (G3) $K_t = K_0 \cdot (1+i)^t$ dar, wenn darin K_t, K_0 und t gegeben sind. Diese Situation tritt beispielsweise bei einem **Zerobond** (Null-Kupon-Anleihe) auf, bei dem keine zwischenzeitlichen Zinszahlungen erfolgen, Zinsen jedoch verrechnet werden. In diesem Fall gilt $K_t = 100$, $K_0 = P$ ist der Preis des Zerobonds und t seine Laufzeit. Eine einfache Umstellung von (G3) liefert dann

$$i_{\text{eff}} = i = \sqrt[t]{\frac{100}{P}} - 1. \tag{9.3}$$

Beispiel

Ein Zerobond mit einer Laufzeit von sechs Jahren wird zum Preis $P = 92{,}18$ verkauft. Dann beträgt seine Rendite $i_{\text{eff}} = \sqrt[6]{\frac{100}{92{,}18}} - 1 = 0{,}013664 = 1{,}37\,\%$.

2 Eine Geldanlage läuft über n Jahre, wobei sie mit unterschiedlichen Zinssätzen verzinst wird, genauer: Im k-ten Jahr wird sie mit dem Zinssatz i_k verzinst. Welche Rendite i_{eff} weist diese Geldanlage auf, wenn sie über die volle Laufzeit von n Jahren gehalten wird?

Aus dem Endwertvergleich ergibt sich unter Nutzung der Grundformel (G3)

$$K_0 \cdot (1+i_1) \cdot (1+i_2) \cdot \ldots \cdot (1+i_n) = K_0 \cdot (1+i_{\text{eff}})^n, \tag{9.4}$$

woraus nach kurzer Umformung $i_{\text{eff}} = \sqrt[n]{(1+i_1) \cdot \ldots \cdot (1+i_n)} - 1$ resultiert.

Beispiel

Eine Sparkasse bietet eine Geldanlage an, die maximal über fünf Jahre läuft, wobei die Zinssätze dynamisch sind und mit der Zeit anwachsen: Im ersten Jahr gilt $i_1 = 1\,\%$, im zweiten Jahr $i_2 = 1{,}5\,\%$, im dritten $i_3 = 2\,\%$, dann $i_4 = 2{,}5\,\%$ und schließlich $i_5 = 3\,\%$. Wie lautet die Rendite? Aus Formel (9.4) folgt die Beziehung $i_{\text{eff}} = \sqrt[5]{(1{,}01 \cdot 1{,}015 \cdot 1{,}02 \cdot 1{,}025 \cdot 1{,}03} - 1 = 0{,}019975 \approx 2\,\%$. Der naheliegende Wunsch, einfach das arithmetische Mittel aller Zinssätze zu nehmen, führt zwar hier (nach Rundung) auf dasselbe Ergebnis, ist aber aus finanzmathematischer Sicht falsch.

3 Nicht selten anzutreffen sind Sparpläne, die am Ende der festgelegten Laufzeit n zusätzlich zur festgelegten Nominalverzinsung mit dem Zinssatz i einen Bonus

B gewähren. Dadurch erhöht sich natürlich der Effektivzinssatz. Man kann diesen berechnen, indem man den tatsächlich erzielten Endwert gleichsetzt mit dem Endwert, der bei gleichen Einzahlungen und einer Verzinsung mit dem zu berechnenden Effektivzinssatz i_{eff} erzielt wird, wobei die Grundformel (G7) genutzt wird:

$$R \cdot (1+i) \cdot \frac{(1+i)^n - 1}{i} + B = R \cdot (1+i_{\text{eff}}) \cdot \frac{(1+i_{\text{eff}})^n - 1}{i_{\text{eff}}}. \tag{9.5}$$

Beispiel

Frau A. schließt einen Sparplan ab, der vorsieht, dass sie sechs Jahre lang jeweils zu Jahresbeginn 1000 € einzahlt und die Verzinsung 2 % beträgt. Am Ende wird ein Bonus von 4 % auf alle Einzahlungen gewährt. Unter Nutzung der Beziehung (9.5) gilt $1000 \cdot 1{,}02 \cdot \frac{1{,}02^6 - 1}{0{,}02} + 0{,}04 \cdot 6000 = 1000 \cdot (1+i_{\text{eff}}) \cdot \frac{(1+i_{\text{eff}})^n - 1}{i_{\text{eff}}}$, woraus man mithilfe systematischen Probierens $i_{\text{eff}} = 3{,}05\,\%$ ermittelt (Einsetzen bestätigt die Richtigkeit der Lösung).

4 In der Praxis kommt es häufig vor, dass in Darlehensverträgen vereinbart wird, die durch die Anfangstilgung und den Nominalzinssatz vorgegebene Jahresannuität durch 12 zu dividieren und monatliche Zahlungen in ebendieser Höhe zu leisten. Dies hat natürlich Auswirkungen auf den effektiven Jahreszins, der sich durch die zeitlich früher gelegenen Zahlungen erhöht. Um ihn zu bestimmen, hat man zunächst den monatlichen Effektivzinssatz i_{12} aus dem Ansatz

$$S_0 = \frac{A}{12} \cdot \frac{(1+i_{12})^{12n} - 1}{(1+i_{12})^{12n} \cdot i_{12}} \tag{9.6}$$

mittels Probierverfahren zu berechnen, wobei A die mithilfe von Formel (6.2) berechnete Jahresannuität ist. Der Jahres-Effektivzinssatz berechnet sich dann entsprechend Formel (7.3): $i_{\text{eff}} = (1+i_{12})^{12} - 1$.

Beispiel

Für $S_0 = 100$, einen Nominalzinssatz von $i = 5\,\%$ sowie die Laufzeit $n = 5$ ergibt sich zunächst eine jährliche Annuität von $A = 23{,}017451$ und daraus die monatliche Annuität $A/12 = 4{,}6194902$, woraus man $i_{12} = 0{,}0114$ sowie $i_{\text{eff}} = 0{,}058314 = 5{,}83\,\%$ ermittelt (Einsetzen der berechneten Werte bestätigt deren Richtigkeit).

5 In der Kursrechnung ist oftmals bei gegebenem, an der Börse festgestelltem Kurs aus der Grundformel (G11) die zugehörige Rendite $i = i_{\text{eff}}$ zu berechnen, was nur

mithilfe von Probierverfahren möglich ist. Mit anderen Worten, in der Beziehung (G11) sind jetzt die Größen P, n und p gegeben, während $i = i_{\text{eff}}$ gesucht ist.

Beispiel

Wir modifizieren das Beispiel von S. 42 und erhöhen den Kurs von 115,52 auf $P = 120$. Dann ist $i = i_{\text{eff}}$ aus der Beziehung $120 = \frac{1}{(1+i)^{10}} \cdot \left[4 \cdot \frac{(1+i)^{10}-1}{i} + 100\right]$ zu ermitteln.

Vorüberlegung: Da der Kurs jetzt höher als der auf S. 42 berechnete ist, wird die Rendite niedriger als 2,25 % sein. Diese Überlegung ist nützlich für die Wahl des Startwertes. Systematisches Probieren liefert $i = 0{,}1797 \approx 1{,}80\,\%$.

6 Die Effektivzinsberechnung von Darlehen ist gemäß der Neufassung der Preisangabenverordnung vom 28.07.2000 (BGBl. I S. 1244) gesetzlich geregelt. Dabei spielen diese Größen eine Rolle:

m, n	Anzahl der Einzelzahlungen des Darlehens bzw. der Tilgungszahlungen
t_k, t'_j	der in Jahren oder Jahresbruchteilen ausgedrückte Zeitabstand zwischen dem Zeitpunkt der ersten Darlehensauszahlung und dem Zeitpunkt der Darlehensauszahlung mit der Nummer k bzw. der Tilgungszahlung mit der Nummer j; $t_1 = 0$
A_k, A'_j	Auszahlungsbetrag des Darlehens mit der Nummer k bzw. der Tilgungszahlung mit der Nummer j

Ansatz zur Berechnung der effektiven Jahreszinsrate $i = i_{\text{eff}}$:

$$\sum_{k=1}^{m} \frac{A_k}{(1+i)^{t_k}} = \sum_{j=1}^{n} \frac{A'_j}{(1+i)^{t'_j}}. \tag{9.7}$$

Der effektive Jahreszinssatz wird entweder algebraisch (falls möglich) oder mittels eines Probierverfahrens berechnet.

Beispiel

Die Darlehenssumme beträgt 4000€, jedoch behält der Darlehensgeber 80€ für Bearbeitungskosten ein, so dass sich der Auszahlungsbetrag auf 3920€ beläuft. Die Darlehensauszahlung erfolgt am 28.02.2020. Der Darlehensnehmer hat folgende Raten zurückzuzahlen: 30€ am 30.03.2020, 1360€ am 30.03.2021, 1270€ am 30.03.2022, 1180€ am 30.03.2023, 1082,50€ am 28.02.2024. Aus dem Ansatz

$$3920 = \frac{30}{(1+i)^{\frac{1}{12}}} + \frac{1360}{(1+i)^{\frac{13}{12}}} + \frac{1270}{(1+i)^{\frac{25}{12}}} + \frac{1180}{(1+i)^{\frac{37}{12}}} + \frac{1082,50}{(1+i)^{\frac{48}{12}}}$$

ermittelt man mithilfe eines geeigneten Probierverfahrens die Lösung $i = 0{,}09958\ldots \approx 9,96\,\%$.

Was sonst noch wichtig ist

10

In diesem Text wurden die Kernpunkte der klassischen Finanzmathematik im Überblick dargestellt. Selbstverständlich gibt es viele weitere Themen, die vor allem in der praktischen Anwendung von Bedeutung sind. Hier soll zumindest kurz auf einige davon eingegangen werden:

- Der Leser könnte mit Recht die Frage stellen, wozu man sich überhaupt mit Finanzmathematik befassen soll, wenn es seit mehreren Jahren schon so gut wie keine Zinsen gibt, ja, sogar negative Zinsen (Strafzinsen) gezahlt werden müssen (insbesondere im Zahlungsverkehr zwischen Banken und Zentralbank). Das ist aber nur die halbe Wahrheit, denn erstens unterliegen Zinsen – historisch gesehen – immer Schwankungen, es gibt Niedrig- und Hochzinsphasen. Viele Darlehen, wie etwa Kommunaldarlehen, haben eine sehr lange Laufzeit. Ein vor, sagen wir, 30 Jahren festgelegter (hoher) Zins hat dann auch heute noch Bestand. Zweitens sind Sollzinsen (z. B. für einen Überziehungs- bzw. Dispokredit) immer deutlich höher als Habenzinsen; drittens gibt es Marktsegmente (wie beispielsweise Unternehmensanleihen), wo Zinsen bis zu 10 % durchaus keine Seltenheit darstellen. Und viertens schließlich sollte man nicht nur auf Deutschland oder Europa schauen.
- In der Finanzmathematik wird immer von einem festen Zinssatz ausgegangen. In der Praxis hängt der Zinssatz in aller Regel von der Laufzeit ab. In diesem Zusammenhang spielen die Begriffe **Zinsstrukturkurve** und **Spot Rates** eine große Rolle.
- In der klassischen Finanzmathematik wird ganz selbstverständlich der Zins als Entgelt für die Überlassung von Kapital angesehen. Historisch gesehen gab es jedoch zu den unterschiedlichsten Zeiten und in den verschiedensten Regionen der Welt Zinsverbote. Fast alle Religionen kennen derartige Vorschriften.

B. Luderer, *Klassische Finanzmathematik*, essentials,
https://doi.org/10.1007/978-3-658-28327-8_10

Freilich wurden zu allen Zeiten auch vielfältige Kniffe angewandt, um solche Verbote zu umgehen.

- Bei der Berechnung von Endwerten wird in der klassischen Finanzmathematik immer nur von einem zugrunde liegenden Nominalzinssatz ausgegangen, die **Inflation,** also die Minderung der Kaufkraft des Geldes, gibt es nicht. Daher sollte man bei praktischen Überlegungen, insbesondere langfristiger Natur, auch die Inflation berücksichtigen. Dies geschieht am einfachsten, indem man anstelle des Nominalzinses den Realzins, das ist die Differenz zwischen Nominalzins und Inflationsrate, in den Berechnungen verwendet. Ist die Laufzeit jedoch sehr lang, sollte man genauere Methoden benutzen (vgl. hierzu Korn und Luderer 2019, S. 47 f.).
- In der klassischen Finanzmathematik werden stets alle Zahlungen als sicher angesehen. Wer einmal griechische Staatsanleihen oder Anleihen eines Unternehmens, das Insolvenz anmelden musste, besaß, weiß, dass diese Voraussetzung trügerisch ist.
- Mehrfache Zahlungen in der Rentenrechnung werden klassischerweise als konstant angenommen. In der Praxis (z. B. in der Versicherungsmathematik) treten allerdings häufig **dynamische** (d. h. wachsende oder fallende) Zahlungen auf.
- Im heutigen (wissenschaftlichen) Sprachgebrauch wird unter dem Begriff **Finanzmathematik** meist etwas ganz anderes, allgemeineres verstanden als hier beschrieben. In der modernen Finanzmathematik stehen stochastische Modelle im Mittelpunkt, sei es bei der Bewertung unsicherer Ereignisse, bei der Zins- oder Aktienprognose oder bei der Berechnung des fairen Wertes der verschiedensten Finanzprodukte, **Derivate** genannt (Optionen, Zertifikate, Swaps, Futures etc.). Ohne die klassische Finanzmathematik sind jedoch alle dort untersuchten Modelle nicht denkbar.

Was Sie aus diesem *essential* mitnehmen können

- Die Zeitabhängigkeit des Wertes einer Zahlung ist der Dreh- und Angelpunkt der gesamten klassischen Finanzmathematik, darauf beruhen im Grunde genommen alle Formeln.
- Die Berechnung von Zinsen basiert auf Beziehungen, die aus mathematischer Sicht den arithmetischen bzw. geometrischen Zahlenfolgen und Zahlenreihen zuzuordnen sind.
- Das Äquivalenzprinzip dient als Ausgangspunkt zur Berechnung der Rendite bzw. des Effektivzinssatzes einer finanziellen Vereinbarung. Dabei werden verschiedene Zahlungspläne oder alle Einnahmen und alle Ausgaben einander gegenübergestellt bzw. die Zahlungen des Gläubigers mit denen des Schuldners verglichen. Um das Äquivalenzprinzip korrekt anzuwenden, ist es von Nutzen, eine grafische Darstellung aller Einnahmen und Ausgaben anzufertigen, um die Zeitpunkte, zu denen die Zahlungen fällig sind, zu verdeutlichen.
- Die klassische Finanzmathematik bildet den Ausgangspunkt für vielfältige Probleme der modernen, stochastischen Finanzmathematik sowie der Versicherungsmathematik. Über die klassische Finanzmathematik hinausgehende Aspekte sind gesetzliche Vorschriften, die Inflation, unsichere Zahlungen, Angebot und Nachfrage an den Finanzmärkten, der Zufall und zahlreiche weitere.

B. Luderer, *Klassische Finanzmathematik*, essentials,
https://doi.org/10.1007/978-3-658-28327-8

Grundformeln

Endwertformel der linearen Zinsrechnung:	$K_t = K_0 \cdot (1 + i \cdot t)$	(G1)
Barwertformel der linearen Zinsrechnung:	$K_0 = \frac{K_t}{1+i \cdot t}$	(G2)
Endwertformel der Zinseszinsrechnung:	$K_t = K_0 \cdot (1 + i)^t$	(G3)
Barwertformel der Zinseszinsrechnung:	$K_0 = \frac{K_t}{(1+i)^t}$	(G4)
Jahresersatzrate (vorschüssige Zahlung):	$R = r \cdot (12 + 6{,}5 \cdot i)$	(G5)
Jahresersatzrate (nachschüssige Zahlung):	$R = r \cdot (12 + 5{,}5 \cdot i)$	(G6)
Endwertformel der vorschüssigen Rentenrechnung:	$E^{\text{vor}} = R \cdot (1+i) \cdot \frac{(1+i)^n - 1}{i}$	(G7)
Barwertformel der vorschüssigen Rentenrechnung:	$B^{\text{vor}} = R \cdot \frac{(1+i)^n - 1}{(1+i)^{n-1} \cdot i}$	(G8)
Endwertformel der nachschüssigen Rentenrechnung:	$E^{\text{nach}} = R \cdot \frac{(1+i)^n - 1}{i}$	(G9)
Barwertformel der nachschüssigen Rentenrechnung:	$B^{\text{nach}} = R \cdot \frac{(1+i)^n - 1}{(1+i)^n \cdot i}$	(G10)
Kursformel:	$P = \frac{1}{(1+i)^n} \cdot \left[p \cdot \frac{(1+i)^n - 1}{i} + 100 \right]$	(G11)

B. Luderer, *Klassische Finanzmathematik*, essentials,
https://doi.org/10.1007/978-3-658-28327-8

Literatur

Grundmann W, Luderer B (2009) Finanzmathematik, Versicherungsmathematik, Wertpapieranalyse. Formeln und Begriffe, 3. Aufl. Vieweg + Teubner, Wiesbaden

Heidorn T, Schäffler C (2017) Finanzmathematik in der Bankpraxis: Vom Zins zur Option, 7. Aufl. Springer Gabler, Wiesbaden

Korn R, Luderer B (2019) Mathe, Märkte und Millionen: Plaudereien über Finanzmathematik zum Mitdenken und Mitrechnen, 2. Aufl. Springer, Wiesbaden

Luderer B (2015) Starthilfe Finanzmathematik. Zinsen – Kurse – Renditen, 4. Aufl. Springer Spektrum, Wiesbaden

Luderer B (2017) Mathematik-Formeln kompakt für BWL-Bachelor. Springer Gabler, Wiesbaden

Luderer B (2017) Facetten der Wirtschaftsmathematik. Eine unterhaltsame Einführung ganz ohne Formeln, Springer Spektrum, Wiesbaden

Ortmann KM (2017) Praktische Finanzmathematik: Zinsrechnung – Zinsanleihen – Zinsmodelle. Springer Spektrum, Wiesbaden

Pfeifer A (2015) Finanzmathematik: Das große Aufgabenbuch (mit herausnehmbarer Formelsammlung). Europa-Lehrmittel, Haan-Gruiten

Pfeifer A (2016) Finanzmathematik: Lehrbuch für Studium und Praxis. Mit Futures, Optionen, Swaps und anderen Derivaten, 6. Aufl. Europa-Lehrmittel, Haan-Gruiten

Tietze J (2014) Einführung in die Finanzmathematik. Klassische Verfahren und neuere Entwicklungen: Effektivzins- und Renditeberechnung, Investitionsrechnung, Derivative Finanzinstrumente, 12. Aufl. Springer Spektrum, Wiesbaden

B. Luderer, *Klassische Finanzmathematik,* essentials,
https://doi.org/10.1007/978-3-658-28327-8